LOCUS

LOCUS

LOCUS

LOCUS

touch

對於變化，我們需要的不是觀察。而是接觸。

touch 60
每天最重要的 2 小時（暢銷新版）：
神經科學家教你 5 種有效策略，打造心智最佳狀態，
聰明完成當日關鍵工作

Two Awesome Hours:
Science-Based Strategies to Harness Your Best Time
and Get Your Most Important Work Done
作者：喬許・戴維斯 博士 Josh Davis, Ph.D.
譯者：李芳齡
責任編輯：邱慧菁（初版）、劉珈盈（二版）
封面設計／內頁排版：許慈力
法律顧問：董安丹律師、顧慕堯律師
出版者：大塊文化出版股份有限公司
台北市 105022 南京東路四段 25 號 11 樓
www.locuspublishing.com
讀者服務專線：0800-006689
TEL：(02) 87123898　　FAX：(02) 87123897
郵撥帳號：18955675　　戶名：大塊文化出版股份有限公司

總經銷：大和書報圖書股份有限公司
地址：新北市新莊區五工五路 2 號
TEL：(02) 89902588 (代表號)　　FAX：(02) 22901658
製版：瑞豐實業股份有限公司
初版一刷：2015 年 8 月
二版一刷：2021 年 7 月
二版三刷：2023 年 6 月
定價：新台幣 320 元
Printed in Taiwan

每天最重要的 2 小時

神經科學家教你 5 種有效策略，
打造心智最佳狀態，聰明完成當日關鍵工作

Josh Davis, Ph.D
喬許．戴維斯博士——著 李芳齡——譯

目錄

各界推薦

做得多，不代表做得好，因為人的專注力並非時刻處在高檔。本書提出許多高效工作的實用技巧，讓讀者學會如何匯聚注意力，在一天中最關鍵的幾個小時內達成高品質的工作成果。

——**艾爾文，作家、知識內容創作者**

關於如何提升個人生產力的建議非常多，大多數的建議彷彿要你像轉輪上的倉鼠般跑得更快……但你不是倉鼠，這本書教你如何別再這樣。

——海蒂・格蘭特・海佛森 Heidi Grant Halvorson，哥倫比亞大學商學院動機科學中心副主任、《成功人士都在做的9件事》作者

非常有趣又實用的一本書。作者戴維斯提供的建議很簡單，容易實行，而且立刻就可以看到成效。我昨晚花了高效率的兩小時閱讀此書，改變了我今天的工作方式。

——彼得・布雷格曼 Peter Bregman，《關鍵18分鐘》作者

本書作者戴維斯告訴我們，企圖以效法電腦效率的方式來管理我們的時間，注定要失敗。他以淺顯易懂且有趣的文筆生動地解釋行為科學，告訴我們一天當

中真正有效率的關鍵時刻，而且一樣重要的是，他也告訴我們如何用更好的方式，安排其他效率沒那麼好的平凡時刻。

——麥克・亨里克斯 R. Michael Hendrix，IDEO合夥人兼全球設計總監

戴維斯為困擾我們所有人的問題提供了一個反直覺的解方：我們不可能完成「每一件事」，無論再怎麼賣力，都還差得遠呢！所以，我們或許不該試圖追求完成所有事，應該改而根據研究發現，設法每天創造高效率的幾個小時，做好真正重要的事。這是一本重要著作，裡頭有扎實的研究根據，每章都有生活化的小故事，教我們把科學方法落實到日常生活中。

——大衛・洛克 David Rock，神經領導力研究院院長

突破生產力水平的關鍵，與我們的生物學息息相關。戴維斯並不是認為你一天只應該工作兩個小時，而是透過設置理想的條件，只要你設置好場景，就可以在這狀態最佳的兩個小時，完成最重要的工作並獲得成功。

——凱文．克魯斯 Kevin Kruse，LEAD x 學院總裁

前言

跳脫「效率陷阱」，創造你的最佳狀態

不論我們喜愛或討厭我們的工作，多數人每天的工作量已經達到難以負荷的程度。每天展開工作時，我們擔心如何才能完成今天所有的工作、可能會令誰失望，或是得「再次」犧牲哪些重要的工作，才能夠繼續熬過這一日。

一邊喝著當日的第一杯咖啡時，我們手上忙著使用各種裝置查看電子郵件信箱，看看是否有人在我們的待辦清單上新增一件事項。看完了一封又一封的電子郵件之後，壓力也不斷上升。每封信都內含了一項無法立刻處理好的要求，所以我們便把這些信標示為「未讀」，留在信箱「稍後」處理。我們把這些信加到前一晚的「未完成工作」堆裡，而前一晚也是工作到很晚才離開辦公室。除此之外，還有更多信必須回覆、更多電話要回撥、更多文件要處理好，這一切，事事都需要我們立即的注意力。

事實上，在我們處理真正重要的事務之前，就有太多事務占據我們的注意力，而真正重要的事務太多了。結果，我們經常「工作」一整天，在辦公室、在家中，上班、照顧家人、整理打掃、支付帳單……有時只有到上床睡覺後才停止。要做的事太多了，時間根本就不夠用。

如果你覺得這些聽起來很熟悉，別沮喪，不是只有你這樣。在我從事教授、老師、主管教練、作家、訓練師等工作中，我發現，不論是專業人士或非專業人士、不論什麼層級，這些都是太普遍的日常感受。更糟的是，我看到各行各業的人，從企業主管、醫師、學生、創業家，到政府機關工作者，全都傾向使用注定無效的解方，想幫助自己從這種工作量過多的情況中解脫，但只是讓問題更加惡化。

比別人更賣力，可能不是最好的辦法

我一再目睹聰明、認真、努力的人落入「效率陷阱」中，總是嘗試盡可能投入更多時間在工作上，設法抓住並利用一天之中的任何空檔時間。而且，若是我們有部屬，也會試圖讓他們這麼做，盡可能每天擠出更多小時用在工作上。談時間管理的書籍、專家，甚至整間顧問公司都接下這個挑戰，幫助我們「花更少時間做更多事」。誠如我那個任職於《財富》一千大（*Fortune* 1000）企業主管的哥哥所言：「我們全都有一大堆屎要處理。這些都是好屎，但是一天終了時，努力把十磅屎塞進五磅容量的袋子裡，我們還是被一大堆沒有處理好的屎給淹沒。」

也有時間管理專家建議我們先處理最重要的事，因為稍後未必有足夠時間做這些事。沒錯，把真正重要的事和急迫但較不重要的事區別開來，確實是有助益的做法，但這個建議仍有令人沮喪之處：縱使我們這麼做，待辦清單上還是有一堆不是最重要、但仍然得做的事必須處理。有些是要緊事，因為它們會影響到我們的關係；有些事則是長期拖延不做的話，會害我們被炒魷魚；另外，還有一些事是我們已經同意在截止期限前完成，不能因為其他重要事項就逃避、耽擱，不去完成。

雖然這些事不是最重要的，但如果在下班回家前還沒有做好，我們有可能會感到焦慮不安。當然，如果不理會某些問題，它們最後有可能會自動消失，所以放手不理反而比較好。可惜的是，很多事情和工作，我們都無法免除責任，終究必須完成。

如果真正的問題只是缺乏效率，那麼我們多數人，包括我那些很有成就的客戶在內，現在應該都已經解決問題了。因為只要選擇適當的方法和工具，協助管理時間、安排待辦事項的先後順序，就可以抒解日常工作的壓力。但重要因素並非只有數量與能力，即使用最有效率的方法工作，我們可能還是會覺得不滿意，結果在一天結束時，許多人感受到的不是成就感，而是窒息感。

幸好，我們想要的並非達不到。我認識的成功人士，多數都想要達到兩個境界：其一，他們想擺脫失控感；其二，他們想在工作上有優異表現，成為所屬領域中的真正高手。為了追求並設法達到這兩種境界，一般常見但錯誤的做法，就是不斷地工作，在已經工作滿載的每一天中擠入更多工作。這種方法有什麼不對？可以如何改善？

看看富蘭克林是怎麼做的

說到勤勉，恐怕沒有人比班傑明・富蘭克林（Benjamin Franklin）更出名了。

舉世皆認同，他是效能與生產力的模範。他的能幹令人望塵莫及，他的成就令人不可思議，舉凡作家、發明家、科學家、印刷商、哲學家、政治家、郵政局長、外交官等身分，一個人怎麼能夠在一生中達到這麼多的成就？快速了解一下他以印刷商暨出版商起步的歷史（這是他的初始職業），就能洞見他的工作方式，並在過程中映照出我們做對了什麼、做錯了什麼。

一七二四年，十八歲的富蘭克林已經在波士頓一家印刷廠當過學徒，也獨自在費城一家印刷廠工作過，並且發表過幾篇被廣為閱讀的文章。[1]他在那年前往英國，向印刷業中最優秀的人學習——知名的印刷商薩繆爾·帕爾默（Samuel Palmer）。對一個家裡有十六個兄弟姊妹、出身貧窮的小孩來說，這種發展堪稱難能可貴了。

在帕爾默的工廠裡工作時，富蘭克林的工作倫理和聰明伶俐，很快就給身旁的人留下深刻印象，但同時也引來同事們的不爽與側目。他的同事們從早到晚喝啤酒，富蘭克林只喝水，所以能夠保持良好的體力，不僅表現得比他們出色，也因此能夠存點錢下來。你或許會說，在那個年代，擁有競爭優勢比較容易，但富蘭克林也以善於看出機會、敢於冒險和堅定的意志力聞名。最後，他獲得升遷，並轉往另一家更好的工廠工作。

幾年後，富蘭克林回到費城，盡一切所能辛苦打拚。在一家印刷廠工作了幾年之後，他舉債創立自己的印刷事業。自己有一家印刷廠，但需要現金，這讓他看出另一個機會，那就是出版自己的刊物。當時，費城只有一份報紙，而富蘭克林認為這份報紙：「不入流，經營得很糟糕，而且毫無趣味可言。」他知道自己是該地區唯一有能力寫出好東西的印刷業者，所以便嘗試發行報紙，最後撰寫、出版了《窮理查年鑑》（*Poor Richard's Almanack*）一書。年鑑中，除了值得注意的日子，還有很多空白可以填寫，富蘭克林便在空白處填入自己的箴言（如今，這些箴言當然已經變得很有名），使它變得更有趣味，當然也就賣得更好——《窮理查年鑑》很暢銷。

為了使自己的印刷事業更成功，富蘭克林還去議會當辦事員，這讓他結識了很多可以左右或決定政府印刷品（如選票或鈔票）要交給哪家印刷廠印製的人。最後，他被任命為費城郵政局長，而這項職務對他的報紙發行量很有幫助。雖然這些職務提供的薪酬微薄，也讓他必須在自己的事業之外做其他工作，但有助於他的印刷事業起飛，幫助他成為費城有頭有臉的人。

富蘭克林曾經是、現在仍是生產力與成就的楷模：努力做更多、不計較，願意承擔更多責任，成功就會隨之而來。今天，大家還是覺得必須這樣，才能獲得一些成就——必須再做更多一點，多到幾乎不可能負荷的地步。但事實上，富蘭克林並不像一般人以為的那樣，雖然他努力工作照料財務，但絕對不是只聚焦於工作的人。

我們很少談論這另外一面的富蘭克林，他並非我們認為的那種「為工作而活」的典型。還好，我不需要耗費大把功夫，就能更深入了解他的真面貌，因為他的自傳中有記載。富蘭克林喜歡思考和創作，花費大量時間在嗜好，以及和朋友的聚會上，而他大可把那些時間投注於賺錢的印刷事業。事實上，使富蘭克林從他的主要職業抽身的那些興趣，最終讓他創造出許多因此而聞名於世的好東西，像是富蘭克林暖爐、避雷針等新穎發明。

想了解富蘭克林的成功祕訣，我認為，我們應該好好檢視一下他如何使用自己的空檔時間，以及他到底有多少空檔時間。

培養多元嗜好，能幫助你更成功

年輕時的富蘭克林，主要嗜好之一是每週五和一群喜愛研讀書籍的人聚會，彼此談論思想、交換見解。這個團體在每次聚會時，都會訂定下次聚會要討論的主題，然後大夥各自先研讀和這個主題有關的書籍，為下次聚會的論辯做準備。但在當時的費城，書籍難得，許多書必須自英國訂購。該團體便認知到，如果能把大家擁有的書籍集中存放於一地，就能更方便查閱彼此的參考書籍。這個概念促使富蘭克林與友人合力創設費城第一家公共圖書館，名為「費城圖書館俱樂部」（Library Company of Philadelphia）。如今，這是一所歷史悠久、擁有珍貴典藏的圖書館。

二十五歲的富蘭克林創立這間圖書館，並非意圖為自己的印刷事業賺錢，這也不是他在政府機構的職務工作項目之一，純粹只是因為他喜歡和他人討論思想，尤其是能夠改善自身及周遭人的思想。他喜愛文學與藝術，甚至曾經為太太座創作了幾首樂曲。[2]而且，他是出了名的無可救藥的浪漫調情者，在太太過世後，他花了不少時間在這方面。[3]

富蘭克林也是美國最早的自助自學迷，他曾經短暫吃素，因為他在一本書中讀到素食主義，而且吃素為他省下了不少錢。他挹注很多時間和心力發展、實踐一套「十三項德行」，在這十三項德行中，有一項看起來和那些想在一天中盡可能做更多工作的人有關，那就是「秩序」，亦即做事有組織、有條理。富蘭克林聲稱自己從來就不是很擅長這一項，他在自傳中寫道：「實際上，我發現自己在秩序方面的惡習難改。現在，我年紀大了、記憶衰退了，深感秩序的重要性。」

富蘭克林以熱愛許多消遣娛樂聞名，從學習、社交、調情到創作，多到目不暇給，也令人感到不可思議。他是如何能在從事這麼多專業工作的情況下，還能享受這麼多的嗜好、閒暇與社交時間呢？他到底是如何辦到的？

每天，他都讓自己的心理與生理，處於能夠產生高效能的狀態，在這些高效能時段，他完成了許多事務。他並未把印刷事業相關事務擠入可用的每一個小時裡，在他為自己所做的時間規劃中，包含了兩小時的休息時間，吃午餐及做其他事，傍晚也有聽音樂、從事其他消遣或談話的時間，而且夜晚有充足的睡眠。或許，就是因為他把消遣、學習、創作、娛樂、保健、家庭及社交都規劃在日常行程上，才能夠在賺錢的事業上如此成功吧！

如果他把所有時間投入於印刷事業，不分出時間從事其他興趣，應該會是最有效率的時間運用方式。但假設他這麼做的話，從未保留心思與精力給那許多的發明和慈善行動，他能夠如此聞名於後世嗎？說不定，連他的印刷事業也不會那麼成功。

讀至此處，請問問自己：你想成為哪一個富蘭克林？撥出時間給嗜好、社交、從一個興趣跳到另一個興趣的富蘭克林，抑或是超越其他競爭者，成為高生產力、出名且富有的企業家？如今，我們似乎沒有足夠時間可以兼顧這兩者，所以好像只能選擇一種：享受生活，或是事業成功。好消息是，這樣的選擇方式是錯誤的。當我們誤以為愈充足的時間等於效率時，便會感受到必須作出選擇的壓力。

人體不是電腦

在幫助高階主管和專業人士提升效能時，我發現，不論我們在事業階梯上爬到多高，當工作多到難以招架時，我們通常會作出兩種反應。第一種反應是強迫自己持續工作、不中斷休息片刻，企圖讓每一天產生最大效率。第二種反應是工作更多小時，並且要求部屬也這麼做，企圖讓每一週產生最大效率。這兩種解方的基本觀念是，為了應付不斷湧進來的工作量，我們應該停止「浪費」時間，設法變得「更有效率」一點。這種觀念源自我們對大腦運作方式的根本誤解。

持續工作、不中斷休息片刻，這種長時數的工作型態，對電腦或機器來說是好解方，因為它們不會感到疲累。它們每時每刻的工作品質都差不多，使用時間愈長，生產力和效率就愈高。但我們並不是電腦或機器，我們是生物。要求大腦持續執行某種工作，而且要展現出一致的效能水準，就如同要求一位跑者不論在什麼境況下都要保持相同速度，不論是短跑或馬拉松、是否禁食一天未眠、有沒有宿醉，或是才剛吃飽睡醒等。

人類是生物，生理狀態對我們的思考方式具有影響作用，一些科學家稱此為「體現認知」(embodied cognition)，[4]「體現認知」包含身體影響思考的種種方式。大腦是控管身體其他部位機制的重要器官，我們必須了解身體與認知的關連性，才能正確了解認知（任何種類的思考）的運作。

這是什麼意思呢？也就是說，你的身體動作，可能會大大影響你的思考。比方說，當你坐著，把雙手墊在頭後、雙腳高抬在桌上，這是很普遍的「高權力姿勢」(power pose)。這種姿勢可能提高你的睪固酮分泌量，並降低你的皮質醇分泌量，而這樣的荷爾蒙組合會使你感覺有權力，表現得像領導人。[5]

此外，你的肢體動作也可能會影響你的心情，進而影響你對他人想法或意圖的解讀。例如，研究顯示，如果你在評估某人時，做出具有敵意的姿勢或動作，例如比出中指等，你更可能會認為此人懷有敵意，因為這個動作提示、激起了敵意。[6]

或者，以學習為例，你在學習時得仰賴記憶，但你的大腦儲存記憶的方式，並不同於電腦安裝軟體或下載檔案的方式。你的記憶是在大腦內形成的東西，神經元得花時間產生結構變化，以使它們在未來更容易彼此活化，而這能夠解釋為何在考試前一晚死背的成效，遠不如用多天學習、吸收教材的成效，如果你想長期記得內容的話。[7]

不少研究結果發現，身為生物的我們，運作方式非常不同於電腦或機器，所以無法做到電腦或機器的效率水準。不過，我們每個人都擁有巨大未開發的潛能，這是電腦和機器不具有的，若是試圖無時無刻展現一致效率，將會阻礙我們發揮這些潛能。

這麼想好了，如果目標是要做一萬個伏地挺身，要是中間不暫停休息一下的話，會很難達成目標。如果一次只做某個數量，分多次做，就能夠做到一萬次。從這個角度來看，大腦很像肌肉，在不當的狀態與條件下持續不停工作，能達成的將會很少；若是能夠創造正確、適當的狀態與條件，大概沒有什麼是我們做不到的。

我從長年的神經科學與心理學研究，以及我與高效率且快樂的人共事的經驗中獲得的啟示是，想要真正擁有高生產力，最好拋開對效率的迷思，創造適當的狀態與條件，產生每天展現高效能的兩個小時，完成真正重要的事。

關鍵兩小時

想要做事有效率，關鍵在於配合人體的生理系統，當生理系統處於最適運作狀態時，我們在理解、幹勁、情緒控制、解決問題、創意、決策等方面都能有優異表現；當生理系統並非處於最適運作狀態時，我們在這些方面的表現可能會很糟糕。從運動量、睡眠量，到吃下肚的食物，都能大大影響我們心智功能的短期運作，甚至是幾個小時內的運作。此外，我們在處理某項工作之前所從事的心智活動，也會影響到我們能否把工作做好。

心理學與神經科學等領域的研究發現，對何時與如何安排高效能的心智功能運作提供了很多啟示，在這本書我會簡化成五種策略。我發現，這些策略最能幫助忙碌的人們，創造出每天至少兩個小時的高效能狀態。

1. 辨識每個決定點。一旦展開一項事務之後，你做事的方式大致會進入自動駕駛模式，這會讓你很難改變航道。你應該辨識並利用介於各項事務之間的那些時刻，也就是你可以選擇接下來要做什麼事的時刻，並決定優先處理最重要的事務。

2. 管理心智能量。需要大量自我控制或專注力的事情，通常都會相當消耗心力。而且，使你高度情緒化的事情，往往可能會影響到你的表現。所以，你應該根據每件事的處理需求及復原時間，安排在什麼時候做什麼事。

3. 停止對抗分心。學會引導自己的注意力，因為人類的注意力系統天生會自動分散、游移，不會無止境地持續專注。試圖對抗分心，猶如試圖對抗海洋潮汐。了解大腦如何運作，就能幫助你在分心時，快速、有效地恢復專注力。

4. 善用身心關連性。活動身體，並且選擇適當的飲食，以幫助自己在短期間進入能成功執行並完成工作的狀態（你可以在空檔吃東西或活動身體。）

5. 打造最有益的工作環境。了解哪些環境因素最有助於你的工作效能，並據此調整你的工作環境。一旦你知道什麼會導致你分心，或暗示你的大腦進入創造或冒險的模式，便能據此調整工作環境，讓自己做起事來更有效率。

這五項策略根據的是心理學和神經科學的研究成果，也許聽起來很簡單，你甚至會覺得像是常識，但是我們在日常工作時，卻鮮少有意識地採用它們。了解它們背後的科學道理，有助於我們知道什麼是值得採取的行動，以及如何在受限的條件下做到真正有益於自己的事。我們全都能學會有意識地規律運用這些策略，讓自己做事更有成效。

至於「兩小時」這個時間長度，其實沒什麼可大做文章的。我之所以建議兩個小時，是因為我發現這個時間長度既可以做到，也足夠處理一天當中最重要的事。確切時數並不重要，對這些策略獲得一些經驗後，你可以建立四小時或僅僅十分鐘的心智運作高峰狀態，視你當天的工作需求而定。

不過，有一點要注意的是，我並不是建議你找出每天固定的兩個小時，例如早上九點到十一點，作為每天的高效能時段。如果你和多數忙碌的專業人士一樣，你無法總是能夠掌控何時必須做什麼事。如果你是晨型人、早上活力最佳，但老闆要你在下午三、四點的幕僚會議中進行簡報說明，你最好在那個時間處於高效能的心智運作狀態。後續要介紹的這五個策略，能夠幫助你在平常工作天的任何時間，創造適當的狀態與條件，使你的心智運作產生高效能。

我雖然相信在正確、適當的狀態與條件下，你能夠有優異的工作表現，但我不是說你能在高效能的兩個小時內完成所有工作。我要說的是，當你的心智能夠有效率地運作時，在此時完成當日最重要的事，不僅能夠增強你的信心，還能夠激發你成就更多事的渴望。至於其餘的時間，你可以用來處理那些不太需要策略性或創造性思考的事務，例如處理電子郵件、填寫表單、蒐集申請費用的單據、安排行程、支付帳單、規劃旅行、回覆電話等。當你的思緒變得更清明，就更能有效地決定不去理會哪些事務。

配合生理狀態安排工作，為自己規劃最有效率的工作方式，每天都能善用時間完成最重要的事，這不僅對長期的成功有益，也能適度幫助我們的生活恢復健全與平衡。

從今天起，就這麼做吧！

每個人都能學習變得像自己希望的那麼有效率，我在後續章節會教你如何做到。我會說明這五項策略如何運作、解釋它們背後的科學道理，並分享其他人如何運用它們的真實故事。針對每一項策略，我會提供一些實用的小技巧，使它們變得容易使用，幫助各位真正落實這些策略。我衷心希望，每當你翻閱這本書時，都能夠獲得新的洞察，並對自己的辛苦付出心生憐惜，持續運用這些策略提升人生不同階段的工作效率。

在某種程度上，我們全都從經驗知道，當我們正確對待自己時，就能在短時間內展現高效率；反之，錯待自己會導致效率低落，甚至讓我們不禁懷疑自己的能力。我希望，在了解這五項高效率策略背後的科學道理後，你能夠相信自己，並根據你對自己的了解，開始思考如何與在什麼時候，讓自己進入一天當中兩小時的絕佳狀態。

策略 1

—

在日常事務中
辨識每個決定點

道格的工作是為企業規劃策略與商業模式的情境規劃顧問，職責之一是每個月撰寫一份清潔技術產業最新發展的分析報告。這是他喜愛的工作項目，可以讓他發揮想像力，並深入探索自己深感興趣的主題。

某天，在撰寫報告時，他進入出神的狀態，除了眼前的電腦螢幕與自己敲打鍵盤的聲音，別無其他意識。但是，當他的眼神游移到桌上的時鐘時，流暢的工作狀態突然被打破。此時已經接近中午，一陣小小的噁心不適，使他不情願地認知到，雖然他還想繼續再寫報告，但應該要停下來了。他得回覆一位同事在幾天前寄來的一封電子郵件，這位同事在準備他們部門的預算，需要道格提供意見。

這樣的早上，你也許不陌生

道格在不安中打開電子郵件收件匣，決定回覆這封信。他一開信箱之後，就看到十幾封提出要求的新郵件。其中一封來自一位專案專員的郵件引起了他的注意，她想知道道格在接下來幾個月可抽出的時間，好安排一場會議。

道格先回覆了這封郵件，因為很簡單。就在他準備回覆有關預算的那封電子郵件時，也就是他真正需要回覆且相當複雜的郵件，他的行事曆鬧鐘響起，提醒他再過十五分鐘，就要和公司執行長開一對一的會議，他需要準備一下。

在這個時候，聰明的做法應該是關閉電子信箱，為接下來的會議好好想一下，並開始走向執行長辦公室。然而，想要獲得成就感的欲望太過誘人，道格想在「今天」回完那封有關預算的電子郵件，因為這幾天來，他天天惦記著讓那位同事等候回覆，心裡有點過意不去。

在那一刻，他沒有仔細思考，就決定回覆那封電子郵件。他依稀記得，以前他有時只要花十分鐘左右，就能夠完成一件類似的複雜工作，雖不尋常，但發生過。而且，有時在和執行長開會前，他只需要花五分鐘就能夠定神。誰知道那古怪作對的神經化學物質訊號，會影響他的手指去點選那封有關預算的電子郵件呢？但在那個當下，他的大腦決定要這麼做：回完那封徵詢預算意見的信。

不過，十分鐘之後，道格只蒐集完回覆那封信所需要的資訊。而且，再過四分鐘，他和執行長的會議馬上就要開始。道格在心中暗自咆哮，在洩氣中趕忙走出辦公室，留下混亂、未完成的工作。回頭，他還得花時間回想剛才蒐集到的資訊，才能整理並回完那封信。不過，沒辦法，和執行長的會議，他不能遲到。

結果，現身執行長辦公室時，道格感覺有點累，也沒有做好準備。在這個會議之前，整個早上的工作表現也不如他的理想。他的清潔技術產業月報雖然已經寫好了一部分，但還沒完成最後一節。和執行長開完會後，他花了更多時間，思考要如何完成那個部分。雖然他開始處理那封有關預算的電子郵件了，但還沒準備好到可以寄出。不過，可喜的是，他已經回覆了那封較不重要的電子郵件，讓那位專案專員能夠安排幾個月後的會議時間。

整個早上，從一項事務到另一項事務，道格都是以自動模式運作，未能作出有效使用時間的策略性決定。我們所有人都和道格一樣，無法輕易改變這種自動駕駛模式的運作方式。想要改變這種運作模式，訣竅在於辨識那些介於各項事務之間、相當珍貴的決定點時刻，並且妥善把握這些時刻，好好決定接下來該做哪件事。

別為了節省五分鐘，瞎忙一整個小時

在絕大部分的時間中，我們都是在自動模式下運作——我們的思考、感覺和行為，都是無意識地依循著自己的慣例。「無意識」指的是心智或大腦在沒有特別意會的情況下執行工作，我的意思不是指我們的行為不經大腦思考，而是指已經很通曉、熟練了，因此不怎麼需要意識監控。

雖然我在前言中提到，我們不像電腦那樣，能以可預測的一致方式來執行工作，但在另一方面，我們又很像電腦。從使用牙線潔牙，到回覆一天的電子郵件，我們所做的每件事，幾乎都是依循神經例行程序（neural routines），它們就像人體版本的電腦程式，指引我們的思考、感覺和行為。我們以某種程度的自動化模式來執行這些例行事務，未經意識檢視或考慮這麼做是否有道理。就像電腦程式一樣，一旦我們啟動了神經例行程序，就會一直執行，直到完成或中斷為止。

從你開始使用牙線清潔牙齒，到你完成時，你甚至不知道自己用了多少複雜的步驟，才做到感覺牙齒已經潔淨的程度。每個工作日，在你抵達辦公室幾分鐘之後，你開始檢查電子郵件，可能沒有察覺到在開啟、閱讀和回完第一封電子郵件之後，你反射性地繼續處理下一封，再下一封，再下一封……可能直到某位同事來找你一起吃午餐，才打斷你。也許，那天早上，當你抵達辦公室時，原本是想先做其他事情的，但在開始回覆電子郵件後，神經例行程序就開始執行，使你停不下來，直到某件事來打斷你。

《紐約時報》（*The New York Times*）記者查爾斯·杜希格（Charles Duhigg），在暢銷著作《為什麼我們這樣生活，那樣工作？》（*The Power of Habits*）中指出，我們可能變得很像自動機器，而且往往不自知。[1]杜希格解釋，我們往往在提示下，如同奴隸般作出反應。例如，假設你今晚得在下班回家途中買些日用品，當你開車前往賣場時，大概都沒有思考途中的每個動作，包含需要多用力踩煞車，或是得在何時向四周查看等。

你輕易就能夠做好這些動作，而且在做這些動作時，你的心思幾乎完全聚焦在別的事情上，例如一直在想等等要買些什麼。等你在賣場的停車場下了車，若你和多數人一樣，大概連想都沒想，就把車鑰匙放入衣服口袋中。稍後，你也許會想到：我剛才到底有沒有把車鑰匙拔出來，放進口袋裡？然後，你會把手伸進口袋裡，結果八九不離十，鑰匙通常就在那裡。這一切，顯示出你是多麼「自動」地把車鑰匙放進口袋裡。

我們每天做的很多事，都是在這種自動模式下完成的，它們已經成為習慣，不需要特別的意識感知。這不是什麼壞事，誠如杜希格所言，習慣是必要的，因為習慣能為我們節省心智能量，讓我們騰出腦力去解決出現的新問題。再換個例子來說，一旦我們學會如何跳某支國標舞，而且熟練舞步之後，往後再跳這支舞都如同習慣般，在跳舞的同時，也能夠騰出心思與舞伴交談。但如果你是初次學跳探戈，想要邊跳邊和舞伴交談，那可就糟了，恐怕會是一場災難，因為你得把注意力花在學習舞步上。想像一下，如果每一項行為，我們都必須有意識地聚焦才能夠做到，例如每走一步，就得思考要把腳踏在何處，我們能完成的事將會非常少。

在我們的日常生活中，有太多習慣性神經例行程序，而我們通常把它們稱為「事務」，例如早上起床、更衣準備上班、通勤到上班地點、開啟電腦、回覆電子郵件、吃午餐、開會、跑步運動、煮晚餐、準備上床睡覺等都是。問題是，我們經常在做完一件事後緊接著做另外一件事，並未多加思考接下來應該要做哪件事才對。我們出於反射性地回應，或是隨興所至、想到什麼就去做，不管這麼做有多麼不智。結果是，我們浪費了大量的時間和精力。

想要創造出每天高效率的幾個小時，第一項策略很簡單：你應該學會認知到，每天有一些時刻，你有機會和能力選擇如何使用時間。簡單來說，這些珍貴的時刻，出現在一項事務結束或被打斷時，例如當你講完一通電話時，你「可以」選擇接下來要做什麼事，是應該先回一封電子郵件，或是先為一場會議做準備？

根據我的經驗，我們往往匆匆略過這些時刻（本書稱為「決定點」），為的是趕快做我們覺得「有生產力」的事。匆匆略過事務與事務間的決定點，可能會節省你五分鐘的時間，卻讓你開始做「錯誤」的事情，也就是不該在當下做的事。結果，節省了五分鐘，可能讓你瞎忙了一個小時。

不過，在忙碌的上班人生中，我們感覺分秒必爭，若不節省那五分鐘，當下覺得可惜與損失感可能會更強烈。反觀，在那「錯誤」的一小時當中，我們絕大部分的時間都處於自動駕駛模式下，所以損失感反而會沒那麼強烈。不幸的是，多數人浪費了不少小時先做不要緊或無法在分配時間內完成的工作。

由於我們太常處於自動駕駛模式下，在一天當中，往往沒有多少次能有效使用意識資源，好好決定接下來該做什麼事。我們必須辨識並把握這些決定點，在本章的後續段落，我會教你怎麼做。在那之前，我們先了解一下神經例行程序如何運作，以及我們為何很容易就輕忽這些決定點，這些了解對我們有所幫助。

決定點出現在什麼時候？

在研究界，有一項重要的理論：我們在很多方面都是「認知吝嗇者」（cognitive miser）；[2]也就是說，在其他條件與因素不變的情況下，我們通常傾向走最不花腦筋的那條路。由於那些無意識、熟練的神經例行程序非常輕鬆容易，而那些需要更深思、有意識的決定比較花腦筋，身為認知吝嗇者，只要還能夠過得去，我們很容易傾向依賴自動運作的神經例行程序，不花腦筋作有意識的決定。

在執行神經例行程序的動作時，我們往往會進入出神的狀態。《韋氏字典》（*Merriam-Webster's Dictionary*）對「出神」（trance）的定義之一是：「一種狀態，在這種狀態下，你會因為思考別的事物而不覺察周遭正在發生的事。」[3]如果你正在為一場簡報說明做準備，你可能會沒有覺察到有兩位同事站在離你辦公桌很近的地方。如果你正在全神貫注地閱讀一份報告，你可能會沒有注意到自己的肚子餓了，或是午餐時間已經到了。在神經例行程序執行的當下，我們的自我意識程度較低，也比較不會覺察到例行程序以外的事物。

但是，當例行程序結束時（例如你使用牙線潔牙完畢或是看完一份報告後），或者當例行程序被某人或某件事打斷時（例如某個同事打斷你準備簡報，向你諮詢對某項專案的意見等），你的自我意識就會增強。從深陷神經例行程序，切換到停止例行程序，可能是軋然而止的，相當顯著。

以每天診療數十個病人的小兒科醫師為例，她出入一個個診間，大多執行一連串相同的動作與行為：先向病童們打招呼；洗淨雙手；走向病童；邊執行診療，邊詢問照料者幾個問題；脫掉檢查用手套；在電腦的病患檔案中輸入資訊，然後繼續和照料者交談；和病童互動一下；再把列印出來的一份診療摘要交給照料者。雖然醫師注意她的病患，也注意照料者向她提供的資訊，但她的許多動作是相當自動化的。

如果她在診療完這名病患時，發現下一名約診者取消看診了呢？她可能會因為空出一些時間而感到高興，因為她想到護理站去和同事聊聊天、交誼一下。或者，她也可能會因此不開心，因為這下子，她就沒有藉口逃避申請保險的文書作業了。不論如何，相較於診療病患的例行程序，此刻她的自我意識增強，甚至可能變得猶豫不決。在執行診療病患的例行程序時，她不需要決定接下來的十五分鐘或二十分鐘要做什麼，只需要接著診療下一個病患就行了。

我們和這名小兒科醫師一樣，經常在某個神經例行程序結束或中斷時躊躇不定，這是為什麼？

要回答這個問題，首先我們必須知道心智功能有兩種主要的運作模式：自我意識與考慮，自動與無意識。舊金山州立大學（San Francisco State University）的一群研究人員相信，意識的主要功能，是在自動模式神經例行程序出狀況時作出決定，尤其是當不同的神經例行程序，同時引導我們去做兩種只能選擇其一、不能同時進行的肢體動作時。[4]

舉例來說，面對電腦螢幕閱讀電子郵件，以及轉過頭去面對你的太太，聽她說要和朋友出去聚會的計劃，我們無法同時做到這兩個動作。這是兩套不能同時執行的例行程序，一個是要你像殭屍般，全神貫注地和電子郵件收件者進行想像的談話，另一個則是需要你作出回應，和另一半進行現場交談。

這兩種行為不能並存，所以我們的意識能力便出現，作出選擇與決定，把我們從衝突當中解救出來。當我們偵察到一個需要注意的衝突狀況時，大腦的特定區域——前扣帶迴皮層的背區（dorsal anterior cingulate cortex）就會變得活絡。[5]一些研究人員將此視為一種警訊系統，功能在於提醒大腦讓更多的意識資源上線運作。[6]意識思考其實看起來只是一種臨時的替代作用，它是在較自動化處理功能面臨相互衝突的行動時，因為需要作出決定而出現解決問題的一種運作。

因此，決定點往往出現在衝突狀況發生時，無論是兩種自動行為相互衝突時，或是行為與目標相互衝突時。在這些時刻，我們可能會感覺自己被拉往許多不同方向。

由於決定點往往出現在衝突狀況發生時，所以它們可能會令人感覺不愉快。在前述的例子中，整理思緒寫完一封電子郵件，以及轉頭面對你重要的另一半、好好聽她／他說話，這兩件事可能是你平時都很喜歡做的事。但若是你曾經體驗過必須在兩種選擇中擇其一，我敢打賭，你一定有一、兩次覺得不耐煩，覺得當下這個決定點怎麼有點不愉快。

在我們變得更自覺的那些時刻，我們會開始注意種種事務，像是所有被我們忘記的其他待辦事項，以及時間的流逝等。特別花腦筋去控管我們所做的事，可能會令人覺得有點累，一項研究甚至顯示，我們對自己的思考、感覺和行動管得愈多，就會愈覺得時間過得很慢。[7]但是，我們愈覺得時間流逝、自己「不事生產」，並非意味真的流逝了很多時間，不過是我們更加覺察時間的流逝罷了。

我認識的大多數人，當手上有很多事要做時，如果覺察時間流逝而沒有進展，就會心生焦慮或內疚。正因為這些決定點可能令我們如此感到不安，所以我們才會傾向於快速略過，開始快快做另一件事。通常，也就是在這種時候，我們的時間運用出了錯。

忙得團團轉，不如做事有技巧

在某個神經例行程序停止後的那一刻，是創造高效率兩小時的關鍵之一，因為在那些時刻，你可以決定接下來一段時間的最佳運用方式。這是看一下電子郵件信箱，在下一個行程開始之前，盡可能回覆更多信的最佳時間嗎？或者，如果你有兩個小時的時間，用這兩個小時來完成一項更需要長時間專注力的計劃，聽起來會不會更有道理？

下列這兩種做法，哪一種對你而言比較有效率？現在開始就為兩小時後的一場會議做準備，或是等到更靠近會議時間才來做準備，這樣想討論的議題在腦海裡會比較新鮮？在一個有效利用時間可以改變結果的世界，完成一件事情之後，有意識地花點時間和心思，想一下接下來要做什麼事，長期下來會很有幫助。

當然，有意識地思考如何使用時間，這並非什麼新觀念，但大多數人還是很少這麼做。內疚感、焦慮感，或是與它們相反的正面感覺，例如想討好他人，或是想快點把事情做好的急迫感等，這些感覺都會促使我們去做和情緒有關連性的事務，但這些事務未必是對時間的良好運用。

當我們特別意識到時間正在流逝，情緒會催促我們去做某件事，或是當我們受不了愈來愈強烈的猶豫不決感時，很自然就會抓住當下浮現在腦海裡的第一件事，立刻就開始做這件事。如果我們強烈發覺自己「不事生產」，就會出於本能地想縮短這無所事事的時間，盡快開始做另一件事。有時，我們很幸運，浮現在腦海的那件事，就是當時最需要做的事。但如果這是一種可靠的策略，我們也就不會那麼經常出現那種「浪費」一整個下午在……上所產生的懊悔感了。

決定點可能只會持續幾秒鐘，但通常會持續幾分鐘。如果你每次在面臨決定點時，都能讓自己從容地考慮，花五分鐘再進行下一件事。也許，在這一天當中有十個決定點，所以你總共花大約五十分鐘在決定點上，但你的時間是用在有意識地決定接下來要做什麼事，所以你做的會是當下的重要事務，或是最適合在那段時間做的事。

如果你總是以「效率」為念，快速略過這些決定點，避免它們成為「不事生產」的時間。結果，你可能會落入事情一件接一件做不停的圈套中，但忙的都是在那些時間內不是最重要或不是最適合的事。當這種情形發生時，你損失了多少時間？不妨回想一下，你最近一次工作不順利的情況。損失量可能很大，原本應有的成效就消失在那些時間裡。

想要變得更有效率，所以忽略關鍵的決定點，這是我們經常犯的錯誤，錯失良機投注心力在正確的事務上。其實，我們可以學習對這些決定點作出不同反應。

想一下，你知道什麼是最重要的

對每個決定點作出最佳利用，要訣只有一個，而且很簡單，那就是善用這些短暫時刻，想一下當時什麼對你才是真正重要的事務。我其實並不認同一些時間管理專家的見解，他們說我們必須深思，才能知道哪些是我們應該投入時間的重要事務。我認為，在眾多事務當中，其實不難知道哪些是需要先完成的重要事務。有機會的話，不妨問問你身邊的親朋好友，他們在度假時心裡想著哪件工作？我相信，我們全都能輕易回答這個問題，因為我們都知道什麼事比較重要。

但是，在面對一天的壓力時，當我們似乎總是在應付「緊急」事務，諸如回覆標示著驚嘆號或旗標來顯示重要性的電子郵件（通常是別人的優先要務，不是我們自己的優先要務），或是扮演救火隊對一些出包的事緊急滅火，再不然就是對層出不窮的日常問題作出反應與處理等，導致我們很容易就會忘記真正重要的事務。於是，我們把重要事務一再推到待辦清單的最下方，因為就如同史蒂芬·柯維（Stephen Covey）在經典著作《與成功有約》（*The Seven Habits of Highly Effective People*）中所言，這些事務：「重要，但不急迫。」[8]

就拿我來說吧！任何人來觀察我，都很容易看出撰寫書籍、報告和部落格文章是我的重要事務。此外，學習有效傾聽和詢問有助益的問題、綜合各種研究以得出最新教材，以及培養一支能夠幫助我做這些事的團隊，對我而言也是很重要的工作。它們都是落實我的專業，使我能夠幫助他人更成功，並促使我的事業發展得更好的事務，當我沒有花足夠的時間做這些事，會讓我非常擔心、苦惱——這更加證明它們的重要性。

但週一早上坐在電腦前，最先引起我注意的是什麼呢？上千則諮詢和請求、對他人的承諾，以及我腦海中想到的種種截止期限等。儘管如此，在我開始處理這些事情之前，我還是可以先利用幾分鐘的時間，重新想一下當天對我而言什麼才是最重要的事。[9]

每當你到達一個決定點，無論是剛展開一天的工作，或是剛做完一件事，卻突然困惑接下來該做什麼時，你手上就握住了一個機會。你可以把自我意識處理機制推至高檔，決定如何使用接下來的時間，先做哪件能夠發揮功效的關鍵事務。

把握這三個小訣竅，可以幫助你對每個決定點作出最佳利用：

- 珍惜每個決定點。
- 事先計劃在決定點要採取的行動。
- 在尚未有意識決定接下來要做什麼事之前，先別急著做下一件事。

接下來，我們更深入探討這三個小訣竅。

七十五美元、一八五美元，你選哪一個？

每天不會出現那麼多個決定點，你也無法總是知道何時會出現一個決定點，但在決定點出現的時刻，你可以刻意選擇一個新方向，因此決定點是珍貴時刻，值得珍惜，值得重視。

我所謂的重視，指的是當決定點到來時，能夠認知到並且把握住它，讓它發生，別忽視它而快速略過，草草進入無意識作用推你開始做的下一件事務。後退一步，重新想想當下對你而言最重要的事是什麼，然後決定把接下來的這段時間，好好用來處理這件事。

決定點可以為你和你當下的掛念提供一點「距離」，讓你作出更有策略性、更有目標的選擇。研究顯示，創造心理上的距離，能夠產生較高程度的思考，較能讓我們宏觀地考慮大局。[10]當我們太「靠近」一項決定時，我們會傾向過度考慮當下的掛念。

舉例來說，研究顯示，人們傾向選擇在今天獲得明顯較少的錢，而放棄在幾個月或一年後獲得較多的錢，儘管今天獲得的錢明顯少於未來獲得的錢。甚至有研究計算出我們傾向忽視事物未來價值的程度，例如一項研究顯示，平均而言，人們寧可選擇今天就獲得七十五美元的禮券，而捨棄在三個月後獲得約一一八美元，或是在一年後獲得約一八五美元。[11] 此刻來看，各位顯然會覺得一一八美元或一八五美元比七十五美元更有價值，但是當七十五美元就擺在我們的眼前時，而且「今天」就可以領到，我們確實往往很難抗拒。

雖然我在前兩段所指的「距離」，只是暫時離開工作幾分鐘的時間，而前面這個例子探討的是更遠的心理距離，但它仍然足以證明，在缺乏一點適當距離的情況下，我們可能會作出不智的決定。我們作出的決定往往會對未來造成影響，但在決策的當下，卻時常忘記大局。在心理距離很接近的情況下，我們往往會過度考慮當下，作出當時看似合理、但實為不智的決定。

再回到前述小兒科醫師的例子，她得知一名病人取消約診，診間當時沒有等候看診的病患，所以她突然有二十分鐘的空檔，而這種情形一週可能會發生個一、兩次。當時，她立刻想起自己必須處理的一堆保險申請文書作業，也想起必須為她當天早上督導的一名醫學院學生完成一些文件。

按照往常，她會立刻坐到電腦前，開始處理這些事務之一。她甚至可能會告訴自己，這麼做是有效率的行為，因為現在利用這個空檔來處理這些事，今天就能夠更早下班。所以，她就這麼投入於處理那些枯燥乏味、令人困惑的表格。但二十分鐘飛逝，她可能還是沒有完成那些工作，卻必須擱下，帶著有點沮喪的心情，趕去診療下一個病人。而且，在診療下一個病人的頭五分鐘，她可能仍舊處於心煩意亂的狀態下。

如果她採用了我們剛才討論過的第一個小訣竅，就會知道還有更好的做法：先後退一步，從匆忙的思緒中抽身，和當下的掛念保持一點距離。她會面露微笑，告訴自己：我已經安排在今天最後的工作時間處理這些事了，現在和同事交誼一下，對我而言是重要的事，因為如果能和同事合作順暢，不僅會讓我的工作做得更好，而且會工作得更愉快。

思考過這點之後，她會前往護理站，和同事聊聊天。這些女性知道如何同樂，這位小兒科醫師知道，和她們聊天不僅能夠增加情誼，也能讓自己的大腦恢復精力，再回到診療病患的工作上時，工作品質將會提高。

被打斷，可能是一件好事

在日常的工作與生活中，干擾與分心無可避免，就算經過最精心的規劃，我們的事務仍不免經常被干擾。你無法避免緊急的電子郵件或電話來找，也避免不了同事突然出現，問你一個簡單的小問題。雖然也許不知道這類干擾何時出現，但我們知道它們出現的可能性很大，好消息是：被打斷或許不是一件壞事，因為每一個干擾出現時，就創造了一個決定點。

了解這點之後，也許你以往對於別人打斷自己專心做事，通常會感到很不耐煩，或是很困擾。現在，你可以用另一種更有幫助的心態，來面對這件人生中無可避免的事。既然如此，為何要等到干擾在意外間出現時，才打算要如何反應？當一項干擾突然出現時，我們往往會自動反應，而不是妥善把握它所創造的決定點。結果，我們泰半讓無意識的心智作用，引導自己去做下一件事，而不是有意識地作出策略性的選擇，這導致浪費了很多時間。

在決定點出現之前，先想好要在決定點作出什麼反應，有助於讓我們對決定點與時間作出最佳利用。有大量的研究結果已經顯示，事先為可能出現的阻礙進行規劃或準備，可以大幅提升我們展現出自己期望的行為的可能性，並且減少當場不自然、不理想的行為反應。事先規劃好在各種不同的情境下如何採取行動，已經證實可以幫助人們減肥、[12]管理情緒、[13]攝取更多蔬果等，[14]擁有種種好處。這類計劃，被稱為「實踐意圖」(implementation intention)。[15]

「實踐意圖」指的是事先想好與計劃好，當一個相關提示出現時，打算採取哪種特定行動。這是一套「如果……，就……」的方法，就前述的討論來說，就是「如果一被干擾，我就採取某某行動。」你可以選擇要採取什麼行動，但必須注意的是，如果你「計劃」使用意志力去抵抗某種衝動，或是對自己承諾說：當這種時刻出現時，我絕對不會再像以前一樣……，那你的計劃就不可能奏效。

計劃「不要做……」，通常是不會成功的。你應該計劃當這種時刻出現時，自己希望採取的一種「新行動」，而且光是設想、計劃這項新行動，就能提高成功的可能性。

很多證據顯示，我們在想像一項行動時所使用的神經迴路，與我們實際執行這項行動時所使用的神經迴路是相同的。[16]相關證據並表示，想像某種阻礙出現時，我們打算採取什麼樣的行為，能讓我們腦內的神經迴路預做準備。所以，當這種阻礙真的出現時，我們更可能會遵循計劃採取行動。

或許，這有助於解釋，為何在實際練習之外，光是想像成功做好某個運動動作，就能幫助提高人們學會一項運動的可能性。[17]這也有助於解釋，為何光是想像進行手術時的情景與步驟，就能幫助受訓中的醫生改進技巧；[18]為何想像我們在某個工作機會面試中表現得很好，就有助於改善我們在實際面試時的表現；[19]為何想像肌肉活化，能有助於增強肌力等。[20]

「實踐意圖」的概念，也可應用於創造更多的決定點。我們可以想像在一天當中可能發生的事件，研擬好計劃，在某件事發生時，先暫停腳步，創造一個決定點。比方說，請你現在想像一下，在一週當中，你可能會有幾次因為同事突然出現問一個小問題而被打斷？你可以先想好，當這種情況發生時，你能夠做什麼，把這種時刻變成一個關鍵決定點。

原本有點討人厭的小干擾，其實能夠拉你一把，把你帶出原本出神的狀態，離開你正在用神經例行程序執行的事務，讓你有機會重新評估，現在是不是應該做另一件事才對。以我自己的經驗來說，我有時會沉浸在一件不值得我花那麼多時間，或是不應該在當時投入時間去做的事務，外來的干擾能讓我有機會重新評估如何更明智地使用時間。

事先計劃好或想像新的具體反應，能夠幫助我們建立決定點。想好「如果……，就……」的實際行動計劃，有助於我們對這些時刻作出最佳利用。

靈感突然來了，你可以這麼做

再舉一個例子，重回本章一開始提到的那位情境規劃師道格。某個週日晚上，他和家人坐下來準備吃晚餐。所有人都坐下來了，才剛開始交談，道格腦海裡突然浮現有關一項專案的洞察。當下，他想要離開餐桌，把這項洞察寫下來，並且花點時間為該專案想想新點子。

如果他選擇這麼做，將完全失去和三歲及六歲小孩共度美好晚上的機會；遺憾的是，在職涯的這個階段，他的確經常錯失這樣的機會。儘管如此，他提醒自己，他馬上就要處理這項專案，而在辦公室總是有人來干擾、占用他的時間，也有一大堆電子郵件必須回覆，還有躲不掉的尋常事務等。

雖然我們很難事先料想到這種靈光一現的頓悟時刻何時會來，並且做好應變計劃，但道格已經注意到，有關工作的洞察，往往在他放鬆時會浮現，而且通常是和家人在共進晚餐時。所以，他事先為這種情境作出了打算：如果在和家人相處時，腦海裡浮現了絕佳的好點子，他會先花幾分鐘的時間，評估一下這些新點子的重要性。

在那個週日晚上，當新點子突然浮現在道格的腦海裡、干擾他和家人吃晚餐交談時，他從腦海裡的那個念頭抽身，後退一步，放眼大局。他眼前的兩難是：此刻，他在家裡與小孩相處，很想盡情享受和他們在一起的時光，但如果不趕快把剛剛產生的重要想法寫下來，很可能一轉眼就會忘記。到底該怎麼辦呢？

道格決定，請家人給他半個小時的時間，讓他把一些重點寫下來，請兩個孩子在半個小時後來叫他。他知道，半個小時的時間不夠自己完成工作，所以他用後續進到辦公室能快速追蹤辦理的方式寫下重點。半個小時之後，道格回到客廳，和兩個孩子一起蓋了一座很酷的樂高城堡。

先別急著做下一件事

當決定點出現時，如果你快速開始做下一件事，你真正浪費的時間，往往比花幾分鐘思考、正確決定接下來該做哪件事還要多。訣竅在於好好把握決定點出現的時刻，方法如下。

首先，當你做完一件事時，先別想可以馬上做哪件事會比較容易，而是告訴自己這是一個決定點。舉例來說，當我在電話上提供了四十五分鐘的教練指導，要掛掉電話時，我會告訴自己：「現在，就是一個決定點。」這樣就足以讓我暫停一下。有時候，我甚至會起身離開電腦，或是去喝杯水或咖啡等。在我讓自己的心智認知作用全速跑了四十五分鐘之後，一旦思緒塵埃落定，我就能決定接下來值得先利用時間做好哪件事。

如何決定呢？掌握一項重點：當天哪件事最重要？當你讓自己有片刻時間、退一步思考時，你會更容易想起當天最重要的事務。但實際上，你還可以做得更好，你可以考慮自己當時的狀態，看看當下的疲勞程度，或是在稍後的工作時段，會需要用到怎樣的心智資源等，幫助你決定在怎樣的環境下完成工作。在後續其他四個策略中，我會探討如何善加使用這些因素，幫助各位對每個決定點作出最佳利用。

每個決定點，都是你的機會

我們往往在工作中，進入由神經例行程序指揮的出神狀態，這種傾向並不是什麼缺陷，它是一種很自然的結果，因為我們有很多行為是由大腦在無意識的自動運作模式下進行的。然而，每天能不能做事有成效、創造高效率的兩個小時，很大程度取決於我們是否能有意識地決定如何使用時間，以及都完成了哪些事。這些間歇時刻，是我們每個人每天都能把握住的機會，應該好好利用。

當你變得愈來愈能覺察一天當中的決定點時，你可能會訝於自己過去竟然那麼容易屈服於大腦的欲望，想到什麼事就去做。明智地使用每天的決定點，是第一種策略，也是第一項挑戰。下一個策略，是如何在日常工作中管理你的心智能量。

策略 2

—

管理心智能量
善用好情緒和壞情緒

每一天都是一場輕重緩急事務的戰役，我們應該先處理同事前一晚在電話上提出、看似緊急的要求？還是應該先回覆重要客戶寄來的最新電子郵件？或是應該先完成幾天後就要交出的那份重要報告？

多年來，效率專家都建議，管理時間的最佳方法，就是先聚焦於第一優先要務，因為稍後可能就沒有時間去做了。這種建議有「部分」正確——先處理第一優先要務，往往是有助益的做法；但它忽視了一個重要因素，那就是我們的心智能量，可能是驅動我們或無法驅動我們的重要燃料。

每件事都會消耗心智能量，有些事甚至會讓我們產生心智疲勞（mental fatigue）。此外，所有事都會引發情緒，使得某件事及接下來的事務，變得相對更難或更容易。要是我們每件事都能有最佳表現，當然最好不過，可惜每個人一天能分配的適當心智能量有限。為了在尋常的工作日，每天都能夠創造出高效率的幾個小時，我們最好選擇值得使用適當心智能量來處理的事務，策略性地把待辦清單上的其他事務延後。

我們如何才能在必要時，處於適當的心智能量狀態？只要能夠了解哪些種類的事務最消耗我們的心智，以及情緒在做事效率中所扮演的角色，我們每天至少就能引導出做事卓有成效的兩個小時，讓真正重要的優先要務，成為大腦優先處理的關鍵要務。

了解心智疲勞

湯姆是一家運動用品公司的行銷總監，對自己的最新構想感到非常振奮，他想重振公司當年起家的經典網球產品線。在他非正式地向公司執行長、財務長及其他高階主管推銷此一構想的前一晚，他躺在床上，為這條產品線思考了十幾個行銷點子。他想像那些高階主管會有多麼喜歡這些點子，也想像自己即將成為重振公司榮光的出名傢伙。因為太興奮了，使他最後入睡的時間，遠比他希望的時間晚很多。

翌日，在早上通勤的途中，湯姆反覆思考自己該如何安排這個早上。和執行長會面的時間是早上十一點，他想花至少三十分鐘寫下昨晚想到的新點子。他也想起，上一次檢查電子郵件信箱是昨天下午兩點，在他離開辦公室去外面參加一場會議之前，因此他急於知道，是否有任何需要他馬上處理的緊急事件。

在咖啡終於發揮提神作用時，湯姆在辦公桌前坐下來。出於辦公本能，他先開啟電子郵件信箱，心裡想著：「我快速看一下有什麼信就好，這樣就可以放心為等等的行銷簡報做更多準備了，不用擔心會錯過任何重要的電子郵件。」

在一個半小時之後，湯姆終於回完最後一批電子郵件，然後他開啟一份文件檔案，想為自己的行銷簡報寫些點子……然而，他就坐在那裡，艱難地回想昨晚想到的好點子。在他好不容易回想起的點子當中，他難以決定要對哪幾個做準備。

這下糟了，他只剩十分鐘的時間可以說服公司的決策者，他應該用自己蒐集到的顧客意見作為簡報的開頭嗎？還是用產業競爭情勢的調查結果來當作開頭？他不禁擔心，所有點子聽起來是否會顯得愚蠢或天真，突然間，他對整個新行銷方案變得不是那麼有信心了。他在心裡頭自問：「我有能力完成這項行銷案嗎？」

事實是，在當時，湯姆沒有能力完成那項行銷方案或社內簡報，因為他的大腦的執行功能已經精疲力盡了，但是他甚至不知道這點。

為何對甜甜圈說不，會令你的大腦疲倦？

湯姆讓自己大腦的「執行功能」(executive function) 負荷量超載而不自知，心理學家和神經科學家用「執行功能」一詞，來描述大腦處理的各種控管及設定方向的工作。大腦部分區域的運作，就像公司執行長指揮及修正部屬的行為，但這些大腦區域指揮及修正的是我們的思考、感覺和行動。

大腦處理的執行功能包括：決策（例如，今天早上，我該穿紅色或藍色的襯衫？）；規劃（例如，等等先去看牙醫，然後從牙醫診所回家的途中，順便去買晚餐）；必要時，短暫記住人事物一段時間（例如，我得記住這個剛認識的人的姓名，以便把她介紹給我的事業夥伴。）

大腦的執行功能，也包括克制一些行動、感覺或想法，例如不去在意老闆表現的輕蔑，或是當電話響起或電腦發出新郵件通知聲都不予理會，先專心準備簡報要用的投影片等。自我克制或自我控制，是大腦的主要執行功能之一。

展現自制的行為，往往會消耗我們的自制力。諸如留意並節制飲食、控制憤怒的情緒、壓抑購買衝動、克制在股價下跌時賣出持股的衝動等，這種種自我控制的行為，至少有一個共通點：在我們展現出這類行為之後，通常會表現得像大腦的自我控制功能已經耗盡或非常疲憊一樣。有趣的是，相關主題的大腦研究顯示，當我們因為展現自制行為而感覺「疲乏」時，大腦其實仍然能夠執行自制功能，但我們似乎已經失去繼續自制的動力。[1]

雖然研究尚無定論，但許多研究人員指出，任何種類的自我控制，像是早餐抗拒吃糕點、強忍淚水、打不還手或罵不還口等，全都仰賴大腦的幾個區域，例如正中前額葉皮層（ventrolateral prefrontal cortex）和前扣帶迴皮層的背區。[2]在完成一件運用自制力的事情之後，再處理另一件需要運用自制力的事情時，這些大腦區域的效能就會降低。就像體能運動一樣，在跑完步後，你已經滿足了運動的需求，也就不再那麼想要再跑一段了。[3]

不過，不同於跑步，多數人每天只跑一次，我們的大腦卻是整天都在處理需要自制力的事務與行為。比方說，當一定得完成一項計劃時，大腦會避免我們再拖延下去；它也會克制我們想再多吃一塊蛋糕的欲望；當嬰兒在半夜哭鬧時，它會克制我們繼續賴在床上的欲望。

我們在消耗自制力的同時，也會讓大腦在處理後續需要使用自制力的事務時，執行起來變得更為吃力。這可以解釋為何我們比較能夠在早餐時，克制自己想多吃一個甜甜圈的念頭，但在稍後為同事慶生的午餐中，就比較難抗拒多吃一個杯子蛋糕，到了晚餐時間，更難以抗拒誘人的飯後甜點。結果，因為疲憊的大腦屈服了，我們便狼吞虎嚥地吃下半加侖的班傑利（Ben & Jerry's）紐約特濃巧克力冰淇淋。[4]

作太多決策的後果

大概不會有多少工作，會需要你努力抗拒吃巧克力冰淇淋，但每種職業的主管職務都需要作出好決策，必須在面對許多潛在干擾的情況下發揮自制力。在最基本的層面，想要做事有效率，就必須持續專注在一件事務上，抗拒工作環境中的許多分心干擾，例如電子郵件通知、同事出現打斷工作，或是先別想其他待辦的有趣工作等。

在更深入一點的層面，想要做事有效率，需要我們展現自制力，因為無論是作出好決策、聰明投資或完善的計劃等，我們都必須應付諸多相互競爭的選項，而且每個選項都有其道理，需要我們運用自制力來選擇其中一個，捨棄其他所有的選項。

誠如羅伊．鮑梅斯特（Roy Baumeister）和約翰．堤爾尼（John Tierney）在兩人合著的書籍《增強你的意志力》（*Willpower*）中所言，人們開放自己的選項，有時甚至因此付出高額成本，卻未能獲得什麼益處，這是因為：「作決策需要展現意志力，而意志力不足的狀態，使人們想方設法拖延或逃避作出決定。」[5]

作決策和自制力之間的這個關連性特別重要，因為當我們在一件事情上面消耗了太多的自制力之後，就會變得更難有幹勁把其他事情做好。證據顯示，其他需要大腦發揮執行功能的事務，例如作決策等，也會對我們的自制力造成負擔。

由明尼蘇達大學（University of Minnesota）和佛羅里達州立大學（Florida State University）的學者所共同進行的研究顯示，我們很容易就這麼消耗腦力而不自知。[6]在一項實驗中，他們請一組學生選出可能符合他們需要而選修的課程；另一組學生只要翻閱課程目錄，思考哪些課程可能符合他們的需要即可。

基本上，這兩組學生做的是同一件事，但一組需要作出決定，另一組則不用。為了檢視這兩組學生在做完這件事之後，還剩下多少心智能量，研究人員接著讓學生們做另外一件事，以觀察他們能夠支撐多久：他們邀請（但不強制要求）所有學生用十五分鐘看書，準備參加接下來的一項測驗。

在這十五分鐘的時間內，所有參與者可以在等候區自由打電動或翻閱雜誌，不一定要看書準備考試——這是在模擬真實世界中的誘惑，以考驗學生的自制力。結果，那組必須決定選修什麼課程的學生，平均只看了八分鐘半的書之後就不再繼續，反觀那組不需要決定選修什麼課程的學生，平均看了大約十一分鐘半的書。

在另一項實驗中，研究人員讓參與實驗的一組學生，對教學使用的影片、測驗題型，以及其他可能影響課程教學方式的因素作出決定。該研究發現，在作出這些決定後，學生的自制力降低。作完這些決定以後，學生們在接下來的謎題解答任務中，只撐了九分鐘就放棄，反觀另一群未被要求作出決定的學生，在解答謎題時撐了十二分鐘半。

這群研究人員在後續的其他實驗中證明，不論是決策的規模、重要性，或是需要發揮自制力的事務性質等，似乎都不會改變作決策對實驗對象在後續事務中展現自制力和耐力的影響性。換言之，就算是作出日常生活中不是那麼重要的決定，也會消耗一個人的心智能量，導致他接下來的自制力降低。

一言以蔽之，作決定會導致心智疲倦，降低我們展現最佳表現的能力。

先集中精神處理最重要的事

這就是發生在前述行銷總監湯姆身上的情形，他想為一條新產品線行銷構想的社內簡報做準備，但在真正著手時卻徒勞而無建樹。他不知道的是，回覆電子郵件看似一項輕鬆事務，實際上卻相當花費心力。回覆每一封電子郵件涉及作決定，有時是一連串相當複雜的決定：我該回信嗎？我現在就必須回信嗎？如果這樣回覆，對方會滿意嗎？會不會反倒不高興？我應該刪除這封信，還是儲存起來，將來可以參考？要不要寫句話簡單表達一下，還是直接轉寄給某人就好？

在回覆那些電子郵件時，湯姆作出了有關時間、價值、社會性後果、可能的未來情境，以及情緒後果等的決定。縱使一封電子郵件在眾多事務中，可能屬於不算重要的一個，處理它仍然涉及了大量的決定。

湯姆的想法並沒有錯，若他能在開會前花三十分鐘寫下點子，只要三十分鐘的「高效率」時間，他就能以良好的狀態向公司高層推銷新構想，但他錯在誤以為只要隨便找到三十分鐘就行了。他面對的這項新行銷方案需要創意決策、堅持和幹勁，不幸的是，他把之前的一個半小時用來回覆沒那麼重要的電子郵件，導致他的大腦的執行功能疲勞，消耗了做好最重要工作所需要的資源。如果把湯姆比作一位賽車選手，這就猶如他開著賽車行經交通繁忙的市區，來到賽車場準備參加重要賽事一樣，他將無法以精神抖擻的最佳狀態起步。

當湯姆終於把注意力轉向為社內行銷做準備時，他用在這工作上的時間簡直比浪費還要糟。由於他的大腦已經疲乏了，原本他在心智能量處於巔峰的狀態下，只要花幾分鐘就能夠作出的決策，現在連思考決策的內容都很難。他的自制力已經被用掉了，這讓他變得很容易放棄自己的點子，甚至對整個行銷方案失去信心。最後，當他走向要做簡報的會議室時，對自己的構想沒把握，和前一晚的振奮感大相逕庭。

了解情緒的影響力

我們在前面的段落看到，在決定要處理什麼事務時，注意「心智疲勞」的問題，有助於我們安排一段真正具有生產力的時間。還有另一種方法有助於確保當我們需要全力以赴時，大腦能夠處於適當的狀態來應戰——了解待辦清單上的事務可能會引發怎樣的情緒，使你在處理某件事及接下來的事變得相對更難或更容易。你可能沒有想過，但在適當時機處於適當的情緒狀態，這點非常重要。在你決定聚焦於一項重要事務時，要懂得對那些會阻礙你擁有適當情緒的事務說不。

當然，我們不見得都能夠發現自己的感受，但在執行許多事務的同時，不論是回覆同事的電子郵件，或是和供應商進行困難的交涉時，往往都會引發情緒，可能是興奮、生氣、得意、無聊、不確定感或是焦慮等。這些情緒有可能輕微或強烈，由於情緒對我們的表現有很大的影響，了解什麼事可能使我們產生何種情緒，將有助於我們規劃當天高效率的兩個小時。

流行天后碧昂絲：緊張，讓我表現得更好

情緒之所以會大幅影響我們的表現，是因為具有「適應價值」（adaptive value），能幫助我們應付與反應眼前的情況。據聞，全球知名的流行歌手碧昂絲（Beyoncé）曾說：「每次站上舞台前，我都很緊張。當我不緊張時，我才真的擔心呢！」這位稱霸全球舞台的流行天后解釋，如果她不緊張的話，就不會有最好的表現。[7]

我們或許很難想像，一個在舞台上看起來那麼自在的人，竟然會感到緊張？不過，正是這種焦慮不安的情緒，促使她做足準備，因此能在舞台上屢屢有最亮眼的表現。情緒——哪怕是我們視為負面的情緒，例如焦躁等——是激發心智活力、使我們專注於眼前事務的好工具。

運動員失誤的怒氣，有助於扳回頹勢

就算是負面的情緒，也可能幫助我們適應情況，而這個概念與很多人的直覺想法可能不同。想像一下，熱鬧的美式足球比賽進行中，有個明星四分衛坐在球員更衣室，他剛才在整個球季最重要的一場比賽中導致球隊失利。他傳球失敗，被對手攔截後達陣得分。在信心瓦解後，他無法再發動任何一次成功的進攻，情緒顯然阻礙了他。

這個運動明星感到非常沮喪，他站起身，開始在更衣室中來回踱步。直到沮喪升到最高點，他猛力把頭盔砸到地上。雖然情緒仍舊十分激動，但教練抓住這個機會鼓勵他：「儘管發怒吧！」經過兩分鐘的激勵談話，這名四分衛的鬥志被重新點燃，準備回到場上去做自己該做的事。

他說：「教練，讓開。我要上場去大幹一場！」教練幫他把沮喪化為憤怒，而憤怒激勵他上場，專注於進攻，準備有所表現。在美式足球等比賽中，憤怒有時難以避免，但不一定都是壞事，在善加引導後，可以成為一種有利的情緒。

憤怒或難過，會激發我們產生特定的想法與行動。後續段落將介紹各種常見的情緒與影響，有助各位了解什麼情緒可能激發什麼行為，並適合用來處理哪些特定事務。正面或負面的情緒都有功用，我們先探討負面情緒，因為這是令多數人感覺比較驚訝的部分。

憤怒

在激發「趨近導向行為」（approach-oriented behaviors）方面，憤怒是一種較不尋常的負面情緒。[8]「趨近導向行為」，指的是朝一個人或某個事物與想法靠近的行動。

一般來說，當你趨近正面事物時，憤怒的情緒毫無用武之地。比方說，你想到此時要是能吃一塊黑巧克力太妃糖該有多好，可能就會產生強烈欲望去找一塊來吃。在這種情況下，你的行為將朝向尋找黑巧克力太妃糖。

有時，儘管不是令人愉快的體驗，我們也會趨近一項事物，在這種時候，憤怒的情緒可能就會有幫助了。舉例來說，一家商店的老闆考慮把店內商品價格調高，以提高她迫切想要的獲利。但是這麼做，可能會損及顧客對她和商店的信任感，她擔心調高價格會導致顧客反彈，這是她所不樂見的事。

此時，害怕的情緒無法幫助她提高獲利，但若是點燃憤怒的情緒，或許能夠幫助她採取行動達成目的——提高獲利。儘管這麼做，可能會導致一段老主顧不愉快的期間，因為他們必須調適。那麼，她該如何點燃自己的憤怒情緒呢？

在我指導人們調節情緒時，大家通常是想要更有效地管理自己的憤怒，而不是學習如何激發怒氣。但是，萬事萬物都有巧妙派上用場的時候，負面的情緒當然也不例外。這家商店的老闆可以選擇一個最簡單的方法，就是當她為別的原因憤怒時，妥善把握機會，考慮就此調高商品價格。至於另一種方法則是，她可以重新思考整間店的處境，例如想想她的獲利潛力被那些不了解商品價值的購買者挾持而犧牲了，這種情況是多麼不公平。

下一次，當你明知某件事是正確而該做的事，卻因為害怕風險而不敢去做時，可以考慮稍微點燃一下自己的憤怒情緒。如同我一位良師益友曾經提出的解釋，他說，有時最能激勵某人接受眼前挑戰的方法就是激將法，可以讓某個權威人士宣稱此人絕對無法克服挑戰，一切或許就會水到渠成。一旦怒火被點燃了，此人也許就會立刻接受挑戰，想證明這個權威人士錯了。當然，我並不鼓勵公司高層每次都對部屬這麼做。

悲傷

悲傷的情緒具有幾種驚人的力量。當我們感到悲傷時，在作決策時通常比較不會有偏見，我們會稍微更緩慢、更慎重思考應該信任誰。在悲傷的情緒中，我們的行為也可能更公平、較不自私。此外，在悲傷之中，我們傾向慎重存疑，而這有助於避免我們輕易上當受騙。悲傷的情緒也使我們更傾向努力讓傳達的訊息具有說服力。總而言之，當我們需要緩下腳步、深思熟慮時，悲傷的情緒可能有所助益。[9]

所以，如果你是被強力推銷的對象，在你點頭同意之前，最好想一下自己有多想念孩提時期的那隻狗狗。反之，當你感到非常快樂時，最好避免聽人家推銷，而是把當下的正面情緒，用在其他有助益的事務上，例如可以從事創意工作等。[10]

焦慮

我父親是位精神科醫師，我很幸運，在青少年時期，就有機會能和他談談我對即將到來的一項重大挑戰感覺緊張。他向我解釋，在生理上，焦慮不安和準備就緒幾乎是相同的；焦慮促使我們高度警覺，準備對任何可能發生的情況作出反應。

在某些時候，你需要高度警覺，準備作出反應。這種情況很容易在日常工作中發生，例如在作簡報時、主持會議時，或是必須敲定一筆生意時。如果不了解焦慮可能帶來的好處，你可能會希望擺脫這種感覺；如果你了解焦慮的益處，反而會開始感謝它。

下一次，當你感到緊張時，試試對自己說：「我不是緊張，我是警覺，準備有所反應。」

科學證據也顯示，在某種程度上，我們確實知道焦慮的益處，至少我們的行為看起來如此。一些研究顯示，有些人偏好在富有挑戰性的事務即將到來時心生焦慮不安感，因為焦慮不安往往使他們表現得更好。[11]看來，碧昂絲希望自己在登臺前稍微感到緊張，是有其背後道理的。

談了這麼多關於負面情緒的益處，你可能以為我在鼓勵各位產生壞情緒。絕對不是如此，在大部分的時候，我並不鼓勵負面情緒，只有在特定的情況下，某些負面情緒可能會有益處。看到這裡，相信各位大概都已經預想到，正面情緒對我們的表現有重要的良好影響。

正面情緒，本身就是一種養分

好心情特別有助於發現新洞察、[12]發揮創意、[13]在作決定時不那麼挑剔，[14]以及迅速作出決定等。[15]正面情緒本身就是一種良好報酬，因為它們為我們帶來愉快的感覺。正面情緒可能使協作變得更順利，這大概是因為大家都抱持著正面的期望所致。[16]雖然研究報告不一定總是明確指出，哪種正面情緒具有什麼樣的作用，[17]但我相信，幸福、快樂、趣味、心情好等正面情緒，對我們的表現能夠產生正面影響，這樣說應該沒錯。

如果你希望學會更輕鬆看待不重要的事物，也希望自己有時別太過挑剔、苛求，那麼正面的好心情或許會有所幫助。[18]在你需要發揮創意時，我會建議你先設法進入正面的情緒狀態。另外，如果你需要快速作出決定，但沒有足夠時間從容思考時，也可以設法讓自己有好心情來面對這種情況。

掌握一項重點：當你來到一個決定點時，可以注意一下自己是否有好心情。此外，你也可以嘗試「主動」影響自己的情緒。試試這個簡單的方法：閉上眼睛，回想最近令你覺得快樂的事，例如某個你很喜歡的電視節目、某項新學習、和朋友聊天很愉快。或者，你可以放鬆看幾分鐘的書、做點運動、填飽正在鬧空城的肚子、幻想某個自己想要已久的東西，甚至是想起性愛或是開懷大笑等。

回想這些能夠帶來正面情緒的事，能幫助你產生正面情緒。當然，不要只是回想，實際去做那些令你感覺快樂的事也有幫助！

如何管理心智能量

現在，你已經較為深入了解我們的大腦如何變得疲勞，以及情緒可能如何影響我們。你可以應用這些知識，為自己往後的工作日創造高效率的幾個小時——心智能量對我們的能力影響很大。

下列是當你知道自己必須處於最佳狀態時，能夠有效幫你管理心智能量的幾個方法。

減輕心智疲勞

多數事務都會導致某種程度的心智疲勞，至少對專業人士和知識工作者是如此；畢竟，我們總是不斷地從事涉及作決定和自我控制的活動。減輕心智疲勞的要領是，學會辨識最可能顯著消耗你的心智能量的事務，在從事必須處於最佳狀態的工作之前，別去做那些會明顯消耗你的心智能量的事務。

舉例來說，海倫是一名心理治療師，必須盡力保持對病人的同情心，但這件事有時對她來說相當困難，尤其是在面對刻薄、具有強烈自毀傾向，或是涉及婚姻不忠問題的病人時。保持同情心，能夠幫助她和病人深入、徹底地討論他們的問題，但海倫並非在真空狀態下提供心理諮詢服務，她自己也有在日常生活中的各項挑戰，而且她每天得服務多位病人。

保持同情心需要相當程度的自制力，海倫特別留意在心理諮詢服務之外，哪些運用心智的事務會顯著消耗她的自制力。過去，當她的親屬有人歷經困難時期而需要和她談談時，她總是隨時騰出時間，聽聽他們的困難，設法提供一些協助。她通常得花費很大的心力保持對親屬的同情心，這顯著消耗了她的心智能量，而她非常需要充足的心智能量，才能做好為病患提供的心理諮詢服務。因此，後來她雖然繼續幫助歷經困難時期的親屬，但會避免在為病人提供服務之前做這件事。這項簡單的改變，讓她不僅能為自己重視的客戶提供優異的服務，也能繼續擔任親屬的重要支柱。

要如何辨識會導致心智疲勞而妨礙生產力的事務呢？很簡單，如果你在做一件事之後感到疲倦，那這件事在相當程度上應該使用到你的自制力。至於各種事務消耗自制力、決策力或其他執行功能的程度，確實因人而異，例如校對老手在做這份工作時，不需要用到多少執行功能，因為他們已經熟練到大多以自動模式來做這種工作。但對文字校對工作不嫻熟、很難長時間坐著不動，或傾向重視大方向而非細節的人來說，進行校對可能得耗費相當大量的自制力。

下列是可能會導致心智疲勞的一些常見活動：

- 經常在不同事務之間做切換；
- 從事社交活動、經營人脈或閒談等；
- 數個小時久坐不動；
- 電訪陌生客戶；

- 檢查並修正錯誤；
- 規劃事情或安排工作內容；
- 追趕截止期限等。

要避免這類消耗心智能量的活動，幾乎是不可能、也不切實際。當我們在工作上的位階愈高，就愈可能需要經常作決策、規劃事務，或是與他人或他部門通力合作。有一點很重要、而且必須記住的是，我們並不需要完全避免這類活動，我們不需要、也不可能無時無刻都表現優異，因為我們不是機器，無法每分鐘都展現出同一水準的生產力。與其要求自己時時刻刻表現傑出，我們可以策略性地選擇待辦事項的執行順序，每天在大腦不那麼疲憊時，創造出高效率的兩個小時，優異地完成一些重要事務。

你希望花兩個小時為整個部門規劃出一項新計劃嗎？別在你剛剛規劃完另一項行動方案之後緊接著做這件事。你需要寫一封電子郵件給老闆，說明為何某項重要工作未能準時，並要求老闆下更多資源協助完成這項工作？別在你已經花了一個半小時處理其他電子郵件後，立刻開始寫這封電子郵件。人資部門要你今天就打好員工的績效評估？如果把這件事做好對你而言很重要，最好別留到今天最後才做，因為到了那個時候，你很可能已經陷入高度的心智疲勞了。

暫停工作、休息一下，原本是要用來恢復精神的，但有些常見的做法，反而可能會導致我們更疲勞。如果你打算在休息一下之後，立刻從事需要你處於最佳狀態下完成的事務，就應該避免在休息時從事這類反而會消耗能量的活動。舉例來說，如果你常在休息時打開電視新聞頻道或瀏覽新聞網站，當你關注悲劇新聞的最新發展或混亂的政治情勢時，你可能需要大量的自制力，來控管對這類新聞的直覺反應。這些新聞很容易使人激動，你可能一下子就被某位政治人物的最新消息給激怒。所以，如果你需要處於最佳狀態下處理後續要做的事務，請記得刻意避開這類活動。

下列四點，能幫助你避免心智疲勞，本週你就可以試試看：

1.早上首先完成你當天最重要的工作，以免你的腦力被無數個小決定先消耗掉。想想你目前的待辦事項中，哪一件最富創造力、最有趣或最具效益，早上「優先」投入一、兩個小時處理這件事。我所謂的「優先」，指的是它是你做的第一件事，在你檢查電子郵件之前，或是在你查看任何媒體，如電視、報紙、智慧型手機或電腦之前。

2.看看你當日的待辦事項有哪些，先加以區分，標示為「重要決定」、「創意」或「其他雜項」等分類。你可以安排當天稍後的時段，例如午餐後昏昏欲睡的那段時間，來執行「其他雜項」事務。一旦你知道自己已經預設時段給這些事務，就比較不會一早想到就開始先做這些事，浪費當日心智能量最高的更早時段。

3.試試看，只用下午一個小時閱讀和回覆電子郵件。看看這麼做能否讓你在其他時間，更專注於需要解決問題或發揮創意的事務上。我知道，這項建議對某些人來說並不適用，我們可能也無法天天這麼做，但嘗試個一、兩次，你也許會驚訝地發現，它比你原本想的可能性要來得高。

4. 在非常重要或忙碌的工作天的前一晚，就先作出一些決定。這麼一來，你當日就不必動腦筋作這些決定。這些決定可小可大，舉凡第二天要穿什麼衣服、早餐和晚餐要吃什麼，到當日要完成哪些工作等，你可以再根據那些較大的決定來安排待辦事項。

當你變得疲憊或過度情緒化而需要快速補充心智能量時，下列三個方法能夠幫你恢復精神：

1. 緩慢地進行幾次深呼吸——你可能早就知道這樣做或許會有幫助，但不一定嘗試過，下次在你心神不定時不妨就試試看。呼吸能直接改變你的生理狀態，我們的感覺一部分是來自生理狀態的感知，所以呼吸也許能直接改變你的感覺。[19]舉例來說，心跳速度和呼吸速度有強烈的關連性，當你的呼吸速度愈快，你的心跳速度通常也就愈快；反之，呼吸速度愈慢，心跳速度也愈慢。[20] 因此，緩慢地進行深呼吸，可以幫助你冷靜下來，而這是一般人具有的正確常識。

2. 設法讓自己開懷大笑。研究顯示，當我們心智疲勞時，好心情能夠幫助我們恢復元氣。[21]

3. 小睡十分鐘。澳洲福林德斯大學（Flinders University）的研究人員發現，打盹十分鐘有助於減輕疲勞，改善人體的機靈度及各種認知功能，效益可維持大約兩個半小時。打盹二十分鐘或三十分鐘，雖然也有助於恢復精神，但效益不如十分鐘，因為在睡上二、三十分鐘之後，人們得花較長時間回神以開始顯現效益，但效益不會超過兩個半小時。[22]

了解自己可能會有什麼情緒

在你開車去上班的路上，如果某個混蛋突然切入你的前方，會不會惹你生氣？如果你把用過的碗盤放著不洗，你的另一半會不高興嗎？你老闆總是在重要工作或場合前變得焦躁不已，還把壓力或情緒轉嫁到同事身上，令團隊每個人都承受極大的壓力？你是不是有某個朋友超愛貓咪賣萌的影片？

我們善於觀察會影響人們的情緒開關，雖然無法預期這類情緒開關在什麼時候會出現，但如果出現了，我們多半會知道它們可能引發什麼樣的情緒。從這個角度來看，情緒是可以預期的。若你能夠預期會出現什麼樣的情緒，就能根據它們來安排每天高生產力的兩個小時。

想一下某天要做什麼事，你大概就會知道當天可能引發什麼情緒，而且通常很容易就會想到，不需要深思熟慮。比方說，你明天有一場簡報要做？如果你向來害怕公開演講，此刻你應該會感到焦慮不安。或者，你有一場長時間的會議一定得參加，但心裡一直想著馬上就要交、但快要做不完的某項工作？那你大概會覺得很煩躁，甚至會感到沮喪。老闆和你臨時約談績效評估？你可能不禁會覺得有點擔心，甚至會沒有安全感。不論這些事情實際引發你何種情緒，這些情緒可能會伴隨你好幾個小時，消耗你的心智能量。

或者，我們來討論一下較正面的情緒。想到你下週就要和朋友一起討論某項計劃嗎？那段社交時間可能會令你感覺很棒、讓你心情較好，所以你可以規劃一下，把一件需要發揮創意或解決問題的事務，安排在和那位友人一起工作後進行，因為屆時你的正面能量高，有利於處理這類事務。

策略性不稱職，讓你的整體表現更好

截至目前為止，我鼓勵各位在每天設法創造一段高效率的時間，先做最重要的工作，把效率較低的時間用來做其他事。但有些日子，我們也得學會「選擇」完全不做某些待辦事項。為了掌握住最重要的事，我們最好學會對一些事放手。謹記這點：寧可每天投入對公司或你的職業發展最有效率的兩個小時，遠勝過日日長時間加班把所有事做完，卻沒有做出什麼成效。

我的觀察是，這項建議對許多人而言，都有一個最大的困難，那就是「責任」。一項工作出現在我們的待辦清單上是有原因的，通常會有另一個人關切事情是否完成，而體貼、負責任的人總是惦念著不要讓他人失望，要展現出自己的工作能力。最困難的，其實不是安排事情的待辦順序，也不是知道哪件事最重要，而是了解做與不做某件事的原因及後果。不過，我們總是可以選擇輸掉一些戰役，以贏得整場戰爭。

我曾經在和一位當時前景看好、如今非常成功的公司高階主管聊天時，開玩笑地把這種方法稱為「策略性不稱職」（strategic incompetence）。這是用來形容他和我都曾經感受過，在放掉一些事務之後，我們心中不禁油然而生的那種挫敗感。在說完這個名詞時，我們起初都大笑了起來，用這個名詞來描述這種概念，反而讓他感到解脫，了解放掉一些事是一種策略性的選擇，不是一種困境。能夠了解這點，不僅有助於安排事情的待辦順序、提升工作效率，也能幫助我們作出一些其他人可能會不喜歡的選擇，或是我們原本寧可不作的選擇。

對某些人來說，「不稱職」也許是太強烈的形容詞，但我使用它，是因為當我們考慮是否放掉某件事時，太常會心生這種感覺──覺得自己不稱職，或是看起來不稱職。但想要妥善做到這點，做到策略性不稱職，其實需要一點訓練，尤其是在一開始時。然而，我們是人、不是機器，心智能量有限，必須集中精神做最要緊的事。

好好選擇在何時擁有巔峰表現，並且大方地為它們作出其他犧牲。為了善加利用你的心智能量，你應該把少數真正重要的事項做到優異，而不是企圖做完所有事，但每件事都做得平庸無奇。

懂得在何時說「不」

現在，你可以看一下明天有哪些事要做，其中有幾件絕對需要你處於最佳狀態，而其他有可能是出於義務、擔心惹上麻煩，或是基於其他理由才做，但不是你的優先要務。在對某件事情說「好」之前，請務必先審慎想過，因為想要做完所有事會排擠掉你必須用來處理最重要事務的心智能量。此外，也會導致其他人日後都依賴你來做這些事，形成一種惡性循環，讓你將來更難拒絕或不理會他人請託。

你可以整天處於你的半最佳狀態——忙著回覆電子郵件、關心時事、出席你受邀的每場會議、花很多巧思準備簡報要用的投影片等；或者，在某個非常重要的工作日，你可以選擇忽略某些事，讓自己處於百分之百的最佳狀態來應戰。根據我的經驗，大家在體驗過節省心智能量以處理重要工作的益處之後，將來會更容易作出這種選擇。

選擇在何時擁有巔峰表現，可能會令你感覺像是在賭博，在本書的各項建議當中，也可能是你比較難做到的項目之一，但這麼做是值得的。把適當的心智能量留給最重要的事，往往是做事有沒有效率的關鍵之一，長期下來，它能夠幫助你和別人拉開距離。

換個方法，成效大不同

再回到前述行銷總監湯姆的例子，我們讓那個要進行社內簡報的日子重新來過，看看如果湯姆預期到心智疲勞和情緒對生產力的影響，可以如何調整，把待辦事務安排得更好。

前一晚，他想到許多好點子，感覺興奮異常，遠比平常還要晚入睡。翌日，在抵達辦公室之後，他決定先檢查電子郵件。由於從昨日下午兩點後，他就沒有再檢查信箱，所以他需要確定自己沒有遺漏任何重要的訊息。但他知道自己昨晚睡眠不足、心智狀態不夠好，而閱讀並回覆電子郵件將涉及許多小決定，可能會消耗他目前僅有的心智能量。

所以，他決定只給自己三十分鐘的時間，快速掃過信箱、處理真正緊急的郵件，甚至還在行事曆上設定鬧鐘提醒自己。他一定會發現至少一封電子郵件引發他的情緒，例如一封有關他需要緊急滅火的電子郵件，或是某個通常會惹惱他的傢伙所寄來的一封電子郵件，而這類電子郵件可能引發的情緒，也會影響到他下一件事務的表現。在三十分鐘之後，他停止處理電子郵件。雖然想繼續回信的欲望很強烈，因為從他坐下來之後，還有很多新郵件進來。但他提醒自己，必須節省心智能量處理今天最重要的事：為推銷他的新行銷構想做最後準備。

但湯姆起身離開電腦時才發現，他的大腦已經漸漸疲乏了，他需要設法恢復一下精神。所以，他先緩緩地深呼吸幾下，然後前往一個街區外，他特別喜歡的咖啡店買杯咖啡。雖然他只離開辦公室十分鐘左右，但這種活動和場景的改變很有助益。現在，他處於不錯的心智狀態，可以有一小時的高生產力。他坐下來，不看任何媒體，立刻回想他昨晚想到的所有點子，決定哪些點子最好、適合提出，然後構思出一個把所有點子串連起來的創意行銷，這開始令他覺得這將會是一個強大的行銷方案。

身為行銷總監，湯姆在平常的工作日當中，需要用到許多技巧，像是創意決策（例如研擬一項新企劃提案）、做好情緒管理（例如在面對尖刻的意見時保持冷靜），或是進行分析（例如了解新的預算限制，並考慮這些限制對團隊可能會造成什麼影響）等。只有湯姆本人知道，在這些事當中，哪些會提振他、哪些只會消耗他，導致一些情緒反應。也只有湯姆本人知道，哪些事對他而言是真正重要的事務，而哪些又只是職務上的義務。

我們每個人都跟湯姆一樣，可以分辨自己的優先要務是什麼，並且辨識會引發我們最強烈情緒的狀況。我們應該善用這些資訊，並嘗試更了解大腦如何變得疲憊，以及情緒可能如何幫助我們或導致我們表現脫序，這些知識是創造高效率幾個小時的樞紐。

下一次，當你來到一個決定點時，不妨自由展開下一件事務，然後回頭檢視：剛才做了什麼事？大腦是否因為作出太多決定而感覺有點累？現在感受到什麼情緒，這情緒可能會如何影響你做下一件事？下回在安排行事曆時，也注意你在最重要的事務之前和之後，分別安排了什麼事務？你是否把最重要的事務，安排在心智能量最可能耗盡之時？或是安排在最佳狀態下處理？請記得，當你需要處理重要事務時，策略性地放掉一些事。

策略二介紹管理心智能量，分享一些有科學根據的方法來做預先規劃，幫助各位善用每天有限的時間，以效能最大化的方式處理各項事務。

策略 3

—

停止對抗分心
學會放自己一馬

你現在已經知道如何辨識一天當中的決定點了——恭喜！你很幸運，多掌握一些提升做事效率的技巧。你也已經了解，如果能夠根據你的心智能量和情緒，明智地選擇接下來要處理什麼事務，將能為自己創造一段高效率的工作時間。下一步，便是盡量讓這個工作時段擁有最大產能；簡單來說，你需要保持專注一段時間。

但是，保持專注可不容易，我們來檢視一個尋常的工作日，看看一些常見的挑戰。

斷斷續續的工作人生

早上十點，自由接案的亞曼達就已經感到很沮喪，她從事網站和用戶體驗設計的工作。幾乎整個早上，她都把時間用來開發票給客戶，包括一家拖欠款項的大客戶。她很氣惱自己居然花了兩個小時處理這些文件作業，開始把注意力轉向當天真正重要的事務上：她答應三家公司要完成的工作。

看看時鐘，她知道至少要有一家公司的東西得遲交了，因為時間不夠完成這三家公司的案子。她該專注於哪兩家的案子、延後哪一家的呢？她氣惱自己這天還沒做任何具有生產力的事，在未經仔細思考的情況下，她就隨意開始做其中一件案子，因為她剛好看到這件案子的工作筆記，所以其實並未真正作出任何選擇，她只是覺得：那就從這件開始做吧！

不過，剛才開發票開到一肚子火，亞曼達似乎遲遲未能消氣。處理發票一向是她最討厭的事務，現在她的憤怒轉移到那個延遲付款的大客戶身上。她必須用力思考，反覆重看工作筆記好幾次，因為每次看到最後，她總是發現自己的思路迷失了，只好再從頭看過一遍，告誡自己要專心一點。

雖然「萬事起頭難」，但十到十五分鐘之後，亞曼達終於進入狀況，開始有點進展。突然間，一輛救護車經過，發出刺耳的警笛聲，讓她脫離了剛才的出神狀態。接著，她想到附近有家醫院，一年前，當她腿部骨折時，就是在那家醫院接受治療的。然後，她想起之後有段日子，她腿部打著石膏還要爬樓梯到她的辦公室。算一算，應該爬了有幾百趟吧！真高興，那段日子終於熬過去了。這使她又不禁想起不良於行的母親，她希望自己在年紀更大時，不會像母親那樣……嗯，她心想，好像應該運動或做做瑜伽……但是這麼多案子要做，何時才會有時間去健身房或瑜伽教室？

腦裡的小劇場上演著一齣又一齣的戲碼，「妳在搞什麼，亞曼達！妳哪根筋不對？專注啊！」她斥責自己。

十分鐘後，她開始回到工作上，但才過五分鐘，她的工作夥伴走進辦公室，簡單地問了一個小問題——你也知道，這種對話通常沒有原本預計的那麼快結束，根本就不簡短。這個同事站在亞曼達的辦公室裡講述他的問題，足足二十分鐘，隨著寶貴的時間流逝，亞曼達的胃酸翻騰起來。

接下來一整天的時間，亞曼達努力保持專注，但每次都被其他事物打斷而分心，例如電子郵件通知（她一看到通知，就會立刻看一下內容）、電話（電話鈴響，她一定接），或是不知怎的、一不小心就開啟分頁瀏覽自己喜歡的網站了。她總會斥責自己：時間不夠了！要快點專心把案子做完。

結果，在這天結束時，亞曼達只完成三件案子的其中「一件」。所以，她還得花費更多寶貴時間打電話，向其他兩個未完成提案的客戶解釋，調整他們的期望，請他們再多給一點時間。

亞曼達很有才華，也很擅長自己的工作，但一直覺得沒能讓自己的事業更上一層樓。如果她能夠接到更多案子，就能再請一個人來做那些會占用她寶貴時間的行政事務，例如發票作業。她認為，她必須更有紀律地對抗這些浪費時間的種種衝動，設法在不分心的狀態下完成工作。她想要擁有更強的意志力來保持專注，但她這麼要求自己已經很多年了，至今還未能奏效。

不奏效也是有原因的，後續段落會說明。但如果意志力無法幫助亞曼達保持專注，什麼才幫得上忙呢？

專注力是成功的要素之一，聚焦、不分心是非常難做到的事，因為我們的大腦結構天生善於對分心事物作出反應。再者，現在的工作環境遠比以前更容易導致分心，大家共用的辦公空間、會議、電腦、智慧型手機、平板電腦、無數的電子郵件、網路和社交媒體等，全都競相吸引我們的注意力。

為了保持專注在重要的事務上，我們必須擅長兩項技巧。第一項技巧很顯然，就是移除分心事物——如果我們更了解注意力的運作方式，就會更重視這件事。第二項技巧就比較弔詭了，在本書提供的所有提升效率的策略中，它大概也是最令人不解的一個，那就是我們必須學會讓自己的心思「漫遊」。沒錯，就是學會把手鬆開一點，別緊抓著注意力不放，企圖逼自己長時間專注在一件事務上。

在探討如何做到讓心思漫遊之前，我們先釐清一個常見的錯誤認知：為了保持專注在一件事務上，我們只需要意志力。

為什麼總是無法專心？

如果你很難長時間專注在一件事務上，別沮喪，不是只有你這樣。事實上，人類的大腦結構並非天生設定要無止境地專注於任何一件事物上，而是要快速地在不同的注意焦點之間來回切換。為什麼？從進化的角度來看，若不如此，很難想像我們要如何生存下去。察覺到接近的人、動物或飛行物體等，是明確必要的生存策略之一，如果我們只聚焦於單一事物、不留意潛在的危險，我們很容易就會受到攻擊。

在環境中的注意焦點之間來回切換，也幫助我們有效掃描周遭，以找到我們搜尋的東西（例如在深夜行走於破舊、雜亂的街區時，四處查看路標，了解自己是否走對路回家），或是注意身邊環境中的變化，看看有沒有自己沒見過或經歷過的新事物（例如在開車途中，有輛車突然切到前方左轉，但方向燈打的是右轉）等。

大腦的一些區域專司切換注意力的功能，引導我們把注意力從原本聚焦的事物上抽離，轉向環境中的某項變化。[1] 舉例來說，當我們正在看菜單時，聽到服務生走過來問我們要點什麼，我們必須把注意焦點從菜單項目上轉為回應服務生，讓他知道我們想點哪些東西。這種抽離與轉向的能力是一種適應的能力，為了有效回應需要我們轉移焦點的情況。

當大腦在注意焦點之間快速來回切換時，它也會變得習慣於固定不變的特定項目，例如你正在看的那份冗長報告，並且開始不理會它們。二十分鐘前，你的大腦在你周遭的注意焦點之間快速切換時，它初次看到這份冗長報告，會很高興看到自己的這項新發現：喔！是新東西，我們來看一下是什麼。但隨著你的大腦繼續快速切換於各項注意焦點之間，這份報告很快就失去它的「新奇性」——二十分鐘前，它在你的面前；五秒鐘前，它還是在你的面前。

你的大腦很快就習慣看到這份報告，它就停留在離你臉孔幾吋的地方，[2] 所以它開始忽略這份報告，把注意力聚焦在其他事物上，主要是去發現有沒有任何新的、不一樣的東西，不管是外在事物（例如辦公室外發出的吵雜聲），或是內在思緒（例如你腦海浮現的某個回憶或是未來計劃等）。

總而言之，我們的注意力系統天生是用來掃描與偵察事物的，包括對意外出現的事物作出反應、跟上周遭的變化、尋找新目標等；換句話說，它天生就是要去注意分心事物的。人類大腦的天生結構，不會對相同事物持續漫無止境地感到興奮，因此毫不動搖地保持專注，反而是完全不自然的。如果你無法持續專注在一件事物上，你應該感到高興才對；反之，如果你能夠做到，應該是比較「不」正常。[3]

事實上，毫不動搖地保持專注太不自然了，以至於當我們嘗試要這麼做時，往往會產生反作用。很多人對自己無法持續專注在一件事務上感到沮喪，很努力想要改變自己的專注力習慣，想運用意志力強迫自己別屈服於分心事物上。

亞曼達絕對不會對同事喊道：「喂，請你專心一點！」棒球隊教練也不會對正在投球的投手喊道：「專注！專注！」但我們每次卻會如此訓誡自己，告訴甚至威脅自己：「別再去想那個聊天網站了！」或是「別再去想那支足球隊表現如何了！」也「別再去想那個真的很想買的最新電子裝置了！」

然而，科學證據顯示，這麼做反而會讓你陷入分心。研究發現，當人們被要求「別」去想某個事物時，反而愈會去想這個事物。比方說，我現在告訴各位：「不要想北極熊」，請問你剛剛有想到北極熊嗎？或者，你現在滿腦子想的都是北極熊？[4]

大腦是由神經元網絡所構成的，每個神經元和許多其他神經元相互連結，每當一個神經元充分受到刺激時，它也會激起或抑制和它連結的其他神經元，這種「激活」(activation)作用將傳遍神經元網絡。[5]舉例來說，剛才的「北極熊」例子，這幾個字將會活絡一整個神經元網絡，可能會激發你想起熊的模樣、可口可樂的電視廣告、孩提時去動物園的記憶，甚至會為這個數量愈來愈少的可愛物種感到悲傷等。

你並沒有讀錯「不要想」的訊息，你的大腦有一個邏輯區域聽到「不要想北極熊」這句話當中的「不要想」幾個字，但一旦整個神經元網絡被激活後，一切就完了，各種聯想全部浮現。這的確很矛盾，我們的工作需要專注，但大腦卻天生擅長分心；因此，想要有效率地完成重要工作，最好的戰術之一就是移除所有不必要的分心事物。

學會「掌控」現代科技

我們都和亞曼達一樣，大多期望自己能夠持續專注幾個小時。當我們幾乎無可避免地做不到時，就會斥責自己不夠認真。但是，如同前文所言，我們的大腦是擅長發現分心事物的機器，這使我們非常難長時間專注在單一事物上。[6]

那麼，如果我們希望自己更專注的話，該如何做呢？第一步就是移除你最能夠預料到的分心事物。

移除分心事物以變得更專注，這聽起來是顯然正確的道理與做法，幾乎每一則談論效率的部落格文章或書籍都會建議你這麼做，更別提這是明顯的常識。如果同事或電話不再每隔五分鐘就來找，你當然更能夠專注在工作上。但如果你是長坐辦公室的上班族，大概可以從親身經驗中知道，我們多數人很少真正採取這種行動，主動移除在自己工作場所中的分心事物。其實，我們的工作工具如電腦、電話、平板電腦等，對多數專業人士、尤其是知識工作者需要做的創意思考、複雜決策，以及規劃與協調事務等，具有非常大的分心作用。

各種現代的科技裝置，能夠幫助我們與他人溝通，讓我們跟朋友保持聯絡、和心愛的人分享照片、得知好友們的最新動態並獲得娛樂等，也讓我們的生活更加便利，無怪乎我們會這麼喜愛這些裝置。但它們也很容易引起大腦的自然反應——從一個注意焦點轉向另一個，使我們不時查看電子郵件、簡訊、電話、狀態通知等。這些科技裝置提供許許多多被其他活動吸引的機會，例如瀏覽新聞、玩遊戲、使用應用程式等。

這些不斷推陳出新的科技小玩意兒，會增加我們必須作出的決定數量（例如在回覆電子郵件和簡訊時所作出的種種決定等），導致我們心智疲勞。此外，它們也帶來無數引發情緒反應的機會，例如某人寫了一封信來對你破口大罵、臉書上一則令人難過的消息，或是一樁令人激動的最新政治醜聞。總而言之，這些科技裝置使我們難以保持良好的心智狀態，以作出完善思考、工作得最有效率。

想像一下，如果某人在你的辦公室設下惡作劇陷阱，例如在門的上方懸掛了一桶水，讓你一進門就被翻覆的水淋濕，或是在你的座椅上放了一些圖釘，或是一個坐下去會發出怪聲響的墊子。當你在工作環境中布置並使用這些科技裝置，就如同或多或少這樣布下「陷阱」。你為自己打造了一個充滿陷阱的工作環境，但這些陷阱不是水桶或圖釘，而是電話、各種大小螢幕、網站、辦公室開放的門等。

如果你想更集中注意力，一個不錯的起步就是減少噪音，盡量先關閉許多裝置。你不必隱遁山林或遺世獨立，當個不使用現代設備的摩登原始人，你只要讓這些裝置無法導致你分心，也許一次二十分鐘就好。你可以直接關掉電子郵件信箱，以及其他裝置的提示音──別相信你能夠不理會彈跳出來的郵件通知，你的大腦不會讓你得逞。

如果你有自己的辦公室，可以先把門關上。或者，如果你在開放式辦公空間工作的話，就戴上耳機來抵抗噪音。你可以先把電話轉接到語音信箱，或是把行動裝置收到包包內等地方，你也可以試著放到更遠一點的地方，讓自己比較難立刻拿到智慧型手機或平板電腦，只是為了想「看一下有沒有信進來」。和其他人開會時，每當寫完一些重點筆記或工作要項時，你可以把筆電螢幕稍微闔上一點，避免螢幕上的東西導致你從交談中分心，或者更好的方式是使用傳統紙筆。

靜坐，有助於鍛鍊專注力

研究人員發現，有一些方法可以訓練大腦更有效地保持注意力。也許不是每個人都會喜歡，但如果你不排斥的話，練習靜坐對鍛鍊專注力很有幫助。倫敦大學（University of London）的研究人員，讓一群經常靜坐冥想的人和另一群不做這種練習的人接受持續專注力的測驗，這類測驗要求受測者在一定的時間內保持專注，以便在測驗中有好表現。

這項研究測驗讓受測者聆聽多串警笛聲，要他們回答每串警笛聲響了多少次，錯誤愈少代表愈專注。你大概能夠想像到這份工作有多乏味？它的確需要相當的持續專注力，所以是一項不錯的診斷測驗。結果顯示，那些經常練習靜坐的人，比不靜坐的人更能持續專注，而最常練習靜坐的人表現最好。[7] 不論你是否選擇透過練習靜坐來增強自己的持續專注力，只要你能夠盡量移除環境中可預期的分心事物，就能提高你在一段時間內專注完成工作的可能性。然而，這麼做雖然有助於你保持專注，你卻無法預防所有的分心事物，因為你也許能把電話鈴聲調成靜音，卻無法阻止消防車從辦公室外呼嘯而過。

所以，當你分心時，該如何維持你的生產力呢？答案可能會令你驚訝。

沒關係，就讓大腦分心

打從我們小時候，就被教導相信保持專注的好處。我們受到這樣的訓練：一個好學生應該整堂課都保持專注，除非是被問問題，否則應該要好好聽課、跟上最新的學習進度。我們接受的教育體制，並不鼓勵我們發展作白日夢的技巧。我敢打賭，你一定沒看過成績單上出現這樣的評語：「該生白日夢作得不夠多。」

因此，當我們長大成人，如果心思漫遊，思緒並未集中在眼前的事務上，反而是不禁想到即將在週末登場的比賽、自己很喜歡的某個電視實境節目，或是回想起午餐是否忘了留下小費等，我們便會認錯。如果我們的心思經常漫遊，就會認為這是不夠自制、必須改正的缺點。但研究顯示，心思漫遊未必是一種缺點，當我們在執行對專業人士最富認知力挑戰的工作時，例如發揮創意來解決問題或是做長期規劃時，心思漫遊可能具有重要助益。[8]

東想西想，讓你變得更有創意

不是只有像亞曼達這樣的網路設計師的創意工作者，才需要發揮創意來解決工作上的問題。不論從事何種職業、靠什麼謀生，我們全都會面臨以往未曾遭遇過、需要尋找獨特解方來解決的課題或問題。小兒科醫師得為一個棘手狀況決定最好、最安全的治療方式；經理人必須為身處各國的團隊成員設計一項流程，好讓大家能夠有效地進行溝通；每個產業的從業人員，都會面臨需要創意解方的複雜事務。

多數人以為，在面對需要創意解方的問題時，最好的應付方法就是專心想辦法解決問題。但是，加州大學聖塔芭芭拉分校（University of California, Santa Barbara）的一群研究人員發現，這樣的觀念可能不正確。該研究團隊在二〇一二年進行的一項研究實驗中，要求一百四十五名參與者執行「非常用途作業」（unusual uses task）。數十年來，這種測驗被成功用來評量創意解決問題的能力。測驗的方式是：指定一種常見物品，例如一個瓶子等，要求測驗對象在限定的時間內，盡量想出並列出該物品的用途，而測驗是根據受測者所列的答案的獨創性來評分。[9]

這項研究實驗把參與者分成四組，先要求所有參與者執行兩項「非常用途作業」，其中三組在完成這兩項任務後，擁有十二分鐘的「暫停」時間。在這段暫停時間中，第一組參與者被要求做一件需要運用認知力的事，會涉及運用到他們的工作記憶；第二組參與者被要求做一件認知力挑戰程度較低的事，目的是誘使他們的心思漫遊；第三組參與者則是休息，不要求他們在這十二分鐘當中做任何事；第四組參與者則是不給予暫停時間。

在十二分鐘的暫停時間結束後，前三組參與者立刻接受一項問卷調查，請他們評比他們在這十二分鐘當中，有多常想到和先前那兩項任務無關的事，例如想起自己擔心的某件事等。研究人員可以藉此來驗證實驗參與者，是否如他們預期的那樣，出現心思漫遊的現象。然後，所有參與者再被要求完成四項「非常用途作業」，其中兩項和十二分鐘前的那兩項完全相同，另外兩項則是全新任務。

結果，研究人員發現，一如他們所預期的，在執行「非常用途作業」之間的十二分鐘當中，被要求做認知力挑戰程度較低之事的第二組，心思漫遊的程度明顯高於被要求做更需要使用工作記憶的第一組。而且，一如預期，在最後的「非常用途作業」測驗中，唯一能把那兩項和十二分鐘前一樣的任務做得更好的參與者，正是心思漫遊程度最明顯的第二組。

換言之，在暫停時間當中心思漫遊得最多的人，在後來重複執行相同的「非常用途作業」時，會變得更有創造力。在讓大腦有時間去咀嚼這些任務後，他們想出了更有創意的答案。至於其他三組參與者——一組在暫停時間執行較耗費認知力的工作、一組在暫停時間未執行任何工作，以及一組根本就沒有獲得任何暫停時間，全都未能在後來重複的「非常用途作業」中有所改進。

值得一提的是，包括心思漫遊程度最高的第二組在內，這四組參與者全都沒有在新的兩項「非常用途作業」中表現出任何改進。該研究發現使研究人員得出結論：雖然心思漫遊不能使這些實驗參與者整體而言變得更有創意，但能夠幫助他們更有創意地解決他們在心思漫遊前正在處理的問題。

多作白日夢，對思考未來有幫助

所以，下次你想解決一項基本上沒有正確解答的問題時，請讓你的心思漫遊，做一些不相關且認知力需求程度不高的事，這也許能幫助你找到一些創意解方。加州大學聖塔芭芭拉分校的這支研究團隊甚至發現，證據顯示，在日常生活中較常作白日夢的人，通常比較有創意。

下回，當你發現自己的心思從正在試圖發揮創意解決的複雜挑戰或問題上飄走時，別像亞曼達一樣斥責自己不夠專心，就順其自然，讓心思漫遊帶來助益。

要是這對你的鼓舞作用還不夠，那就來看看這個：心思漫遊似乎對高度挑戰性的長期規劃工作有助益。我知道，乍聽之下，這似乎很矛盾，但心思漫遊在這方面有所幫助，可能是因為它使我們以正確方式思考未來。

在另一項同樣是由加州大學聖塔芭芭拉分校研究人員所進行的研究實驗中，參與者被要求執行一件工作：在聽到數字時，盡快分辨是奇數或偶數，以及另一項工作記憶挑戰。研究人員的目的不是要看他們做得好不好，而是要給他們一件需要運用足夠的認知能力，因此必須保持專注的工作。

在該項實驗過程中，實驗執行者多次打斷參與者，請他們述說他們此時正在想什麼，分析人員便能檢視他們的思想內容，辨識他們的心思漫遊至何處。多數時候，他們的心思並不是漫遊到以往的什麼困窘時刻，而是漫遊到未來，尤其是想到自己和自己的目標。當他們的心思漫遊時，會傾向整理他們的個人計劃；如果他們完全保持專注，就會錯失這項重要的心智工作。[10]

所以，當你的心思漫遊時，那就像十九世紀著名的馬戲團團長巴納姆（P. T. Barnum）安排在改造主舞台之際的穿插餘興表演。請好好欣賞這些個餘興表演，等到重回改造後的主舞台，下一場表演已經準備好娛樂你了。

不過，別讓思緒飛走回不來

讓你的心思有益地漫遊，和完全走上岔路不回頭，是兩碼子事。事實上，讓心思漫遊有助於避免你的心思轉移到岔路上，它是一種有用的替代方案，不至於讓你真正分心離題。

我認為，有兩種方法可以藉由刻意鬆開你的專注力，以提高你的生產力。第一種方法是主動讓你的心思漫遊，在專注於一項問題上一陣子之後，切換到另一項只需要適度使用認知能力、但不需要使用到工作記憶的事務，[11]然後再回到你原先試圖解決的問題上。

先想好當思緒漫遊時要做什麼

你可以事先選擇這項事務，讓你的心思在開始漫遊時，不必試著去想可以做什麼事——這可以提高你的心思在開始漫遊時，去思考這件事的可能性。挑一件不會讓你想太久的事，或是不會讓你進入自動駕駛模式而忘了重回原先問題的事，這樣你就能讓自己的心思有效益地漫遊，不至於沉浸在太引人入勝的另一件事情裡。

你可以試試下列這幾件事，它們對認知能力不會構成沉重負擔，通常也不會持續很久，可能在幾分鐘之後就會失去吸引力，所以下次當你心思漫遊時可以這麼做。

- 欣賞牆上的一件藝術品、一盆室內盆栽，或是看看窗外的景色，或是你桌上擺放的相片等，並仔細地看一下顏色的深淺度；
- 簡單收拾一下桌面、整理書架，或是擦一下白板等；
- 聽聽音樂，注意其中有哪些樂器；
- 玩點小遊戲，例如每次看到有人邊走邊傳簡訊時，就在紙上畫個記號。

這些事需要一點點思考，但不多，不大需要用到工作記憶，不需要你的大腦在處理資訊時記住太多資訊。

如果你需要讓自己的心思好好漫遊一下，我會建議你避免做類似下列的事：

- 把文件歸檔，因為這通常需要你記住很多東西，以決定什麼文件該放在什麼地方；
- 閱讀體育新聞、動態消息或部落格貼文，因為這太容易令你變得高度聚焦於內容，會阻礙你的心思漫遊；
- 查看並回覆電子郵件，因為這可能會需要高度使用工作記憶，並且會抓住你的注意力；
- 練習簡報說明或準備會議內容，因為做這些事會需要記住很多資訊以便你日後使用，而這需要你大量使用工作記憶；
- 做有難度的解謎，例如填字遊戲或數學遊戲等，這兩者都需要使用大量的工作記憶。

練習察覺當下的想法，並且不加批判

第二種藉由刻意鬆開專注力，以提高你的生產力的方法，便是透過「覺知注意」(mindful attention)。你可能聽過「覺知減壓法」或「正念減壓法」(mindfulness-based stress reduction, MBSR)，[12]此方法主要歸功於喬·卡巴金（Jon Kabat-Zinn）博士，他把東方禪修傳統的一些元素，改造成有系統的課程，向西方人提倡。

「正念減壓法」證實有助於減輕壓力、[13]調節情緒、[14]抒解疲勞，[15]還有許多其他的益處。當然，我不是在建議你去上為期八週的課程，並且養成每天靜坐冥想二十分鐘的習慣，雖然這麼做可能有益處。我認為，我們現在就能開始應用「覺知注意」的一項啟示。

「覺知注意」指的是讓我們的思緒自然地游移，也就是讓我們的心思漫遊，並且在不帶任何意見地注意到自己的思緒已經飄移後，再輕緩地把注意力帶回到我們當下的感受。[16]你可以在閱讀時自行試試，當你的注意力在某個時點開始飄移時，只要注意到這個有趣的事實即可，然後再輕緩地把你的注意力帶回到書本上。

這是一種「感受當下」的方式——覺察自己、他人及周遭環境。當我們發現自己的心思漫遊時，可以變成一個中立的觀察者，觀察自己漫遊的思緒，而不是斥責自己分心。當我們不再因為自己不能專注而變得沮喪、疲憊或更加分心時，就能更有效地把自己的注意力帶回到手邊的事務上。

如果你曾經衝浪或觀看過衝浪者，你也許熟悉這種情境：在划水出海後，衝浪者或坐或趴地停留在衝浪板上，隨波載沉載浮，耐心地等待下一波適當的浪潮，可能會等個幾秒鐘，或是等上許多分鐘。理論上，衝浪者可以一波又一波地追逐浪潮，但是為了最好玩的一段，他們會捨棄多波浪潮，直到出現感覺和看起來很正點的一波浪潮，而這波很正點的浪潮可能會帶來當天最精彩、最值回票價的一段衝浪。

你的思緒就像那些浪潮，當你想要有效率地專注在一件事務上時，許多思緒（說不定是幾百個）會自動湧現，而「覺知注意」就是看著那些思緒漂過，並且注意任何浮現的東西，例如它們是否激起憂慮或誘使你脫離手邊事務等等。重點是要放開那些無助於你保持在軌道上的思緒，就像衝浪者放掉那些不好玩的浪潮一樣。你的大腦有千思萬緒，你不必對每個浮現的思緒作出反應，要學會當個心思衝浪者，在你的思緒浪潮中衝浪。

如果我們對很多思緒放手，就能為我們的注意力創造機會，使它最終飄回到手邊的事務上。根據我的經驗，這大約會歷經個幾分鐘，偶爾可能會歷經長達十五分鐘，但是跟做一些其他不重要的事相比，或是跟瀏覽體育新聞、查看社群媒體，或是在網路上購物相比，浪費的時間應該是比較少。

如果你想長時間持續做一件事，那就別去對抗分心，但是也別盲目地屈服於分心。每當你的心思漫遊時，信任它，它只是需要一分鐘去做一些其他事，想要提神一下或是更新資訊。讓它去吧！但不要轉換做別的事務。

舉個例子，如果你剛好分心想到一種新式減肥法，你可以有意識地注意這個想法幾分鐘，不要想把它驅離腦海，但也別任由這個想法引領你去做其他事，例如開啟分頁瀏覽某個健康網站或一位減肥專家的部落格等。我打賭，在你讓心思漫遊個幾分鐘之後，就會返回原先的事務上，遠比你強迫自己停止去想分心事物還要快，當然也遠比你改做其他事務或造訪那個健康網站還要快。

不過，說的總是比做的容易。想要持續專注在一件事務上，不應該轉換去做另一件事務雖是常識，但我們的許多做法卻會讓大腦聚焦於分心事物（這是它們天生的結構運作），然後就被分心事物困住了。

下次，當你發現自己在作白日夢時，請告訴自己沒關係，但不要離開房間或開啟任何媒體，也不要開始回覆電子郵件等進行別的新事務，就那樣坐著，讓你的心思漫遊。每當你的心思漫遊時，隨著它，但別去引導它，你大概會發現在幾分鐘之後，你就會回到原先的工作上，而且能在無須掙扎與努力的情況下，更快速地投入工作。

放自己一馬

你可能跟亞曼達一樣，相信只要自己全心投入，就能夠保持專注很長一段時間。所以，當你做不到時，也許就會變得很沮喪，甚至對自己感到失望。但是，如同前文所述，如果你一開始就期望自己應該持續不斷地保持專注，那是注定失敗的。你的大腦會去做它天生結構擅長做的事：發現分心事物，關注這些新事物。你可以限制環境中可能會出現的分心事物，以確保你的大腦保持專注一段時間，但你無法左右自己的大腦，要它別理會所有分心事物。

亞曼達可以關上她辦公室的門，或是讓工作室裡所有人知道，她接下來幾個小時不見任何人，以防止工作被打擾。她也可以先關閉電子郵件通知，避免自己被引誘打開每一封新進來的訊息。她甚至可以安裝軟體，在一天的特定時刻，封鎖自己進入喜愛的聊天網站。不過，她無法那麼輕易地阻止自己分心去想那個延遲付款的大客戶，或是要自己別去想缺乏運動這件事，她無法避免種種思緒干擾自己的專注。

面對這些內在的分心事物，亞曼達維持進行手邊事務的唯一方法，就是先放手，接受這些干擾，容許一些有益的心思漫遊。幾分鐘之後，再輕緩地把注意力帶回到原先的事務上。為此，她最需要的，就是學會放自己一馬。

我們太容易浪費時間和精力在對抗大腦的天生漫遊傾向，斥責自己不能夠再專注一點，並且認為這是一項需要改進的缺點。我希望，策略三能夠幫助各位看清，讓我們的心思漫遊不僅很正常，也有助益。但社會灌輸我們太根深蒂固的觀念，使我們相信作白日夢是件壞事，所以當我們發現自己在作白日夢時，總是會忍不住斥責自己懶惰。因此，說到保持專注很長一段時間，我們的祕密武器不是自律或意志力，而是寬待自己。

下次，當你發現自己在作白日夢時，請友善地對待自己，放自己一馬。作白日夢可能會使你接下來幾個小時的生產力很高呢！

策略 4

—

掌握運動和飲食的訣竅
你能表現得更出色

到目前為止，我們已經探討了三項策略，包括：掌握你每天的決定點，選擇接下來該處理什麼事務及順序；保留適當的心智能量處理每天最重要的事；在開始進行一項事務時，了解如何有效管理並分配專注力資源。如果你確實使用這三項策略，應該有助於改善每天的工作效率，但前提是：你必須要能完全掌控你的行事曆。

當然，我們都不可能完全掌控自己的行事曆。我們並非總是有彈性和自由度，可以決定在擁有最適當的心智能量時去做一項重要計劃。有時候，我們發現自己的腦袋很混亂、處於焦慮的狀態，感覺就快要招架不住了！但是出於職責，我們還是需要繼續完成工作。我們的日常行程表，經常排滿在幾週前就已經規劃好的簡報說明、老闆或客戶要求的截止期限，以及各種大大小小開不完的會議等，在這些早已預定好的時段，我們會希望處於最佳的心智狀態。

為了在這些重要的時刻處於心智運作的巔峰，我們可以運用另一種策略：利用身體活動和飲食的立即效應，改善自己的心智能量。

身體會自動洩漏你的內在狀況

來看看珍妮佛的例子。經過多年努力，珍妮佛在一個有上萬名員工的組織，爬到人資主管的位子。這天，她必須和來到本地的母公司日本經營者開會。在會議前二十分鐘，她因為喝了太多咖啡，以及吃了擺在辦公桌上的糖果，胃部感覺非常不舒服。而且，也因為在電腦上多次反覆檢視議程，導致頸部肌肉酸痛。此刻，她非常心煩意亂。

會議前十分鐘，珍妮佛站在洗手間，真心希望這一小時的會議已經過去了。她注視鏡子裡的自己，發現了早上並未出現的眼袋，心想：「我真的看起來這麼老嗎？」此刻，她的身體對外呈現出她體內的感覺。其實，如果珍妮佛現在就去外面輕快地走個半小時左右、好好地透透氣（後續段落將會討論），別一直讓會議資料占據整個心思，她的身體狀態也會呈現出輕鬆精神和清晰心智。

我們的身體狀態會影響我們的心智狀態，這是既明顯又具革命性的概念。一方面，說這是明顯的概念，是因為幾乎人人都有過這種體驗：當我們感覺身體狀態很好時，會感覺心智更加敏銳，但是當我們生病或在吃飽飯後昏昏欲睡，就會感覺腦袋混濁不清；這些都是身體狀態對思考能力的影響作用。

另一方面，說這是革命性的概念，是因為我們鮮少根據這個直覺知識來採取行動。這有可能是因為身心相互影響的概念，有違於西方思想中的一些古老假說。有很長一段期間，人們看待心智的方式，彷彿認為心智和身體無關，身體被視為不過是心智的維生系統。[1]無怪乎我們會期望人一整天都保持一貫的運作良好，並且把運動當成是一種奢侈。

不過，近年的研究確證，我們的身體狀態明顯影響心智狀態，這有助於我們根據早已知曉的直覺知識來採取行動。事實上，身心太密切相關了，以至於我們經常對身體感覺和情緒感覺混淆不清。如果你想每天創造出高效率的兩個小時，關於這點的實用知識是非常有助益的工具。

一九六〇年代，史丹利・夏克特（Stanley Schachter）和傑洛米・辛訥（Jerome Singer）兩位研究人員進行了一項研究實驗，他們對實驗參與者注射腎上腺素，但告知是維生素溶液。[2]他們告訴其中一些受測者，這次注射將會產生一些副作用，例如心跳加速、手會顫抖、臉紅，也就是腎上腺素的實際副作用。至於其他受測者，他們要不就是並未告知會有任何副作用，要不就是給予一張清單，上面列了一些不實的副作用。

然後，他們讓這些受測者暴露於可能會引起興奮或憤怒的情況中。研究人員發現，那些被告知實際副作用的人，更傾向把這些副作用視為身體的感覺，而那些並未被告知實際副作用的人，則傾向把自己經歷的身體徵狀（臉紅、手抖、心跳加快）視為情緒作用（高興或憤怒，視他們身處的情況而定）。

夏克特和辛訥的實驗顯示，我們有時很難辨別身體感覺和情緒感覺，這兩者緊密關連。你的情緒反應對你來說非常真實，不論是由環境引發的情緒，或是身體對物質（例如腎上腺素）反應而引發的情緒，你的感受可能都一樣強烈。由此看來，改變你的身體感覺，可能有助於改變你的心智狀態。

當然，很少人會注射腎上腺素，但咖啡因有沒有可能偶爾會引發你不同的情緒感覺？或者，你可能把吃高碳水化合物餐點所導致的身體作用，和對一位同事的惱怒情緒給搞混了？

在本策略所提供的各項建議中，我不會主張你應該時刻保持在高體能的狀態，以提高生產力。你要是喜歡，儘管去吃一頓豐盛的高碳水化合物午餐，然後在你的辦公桌前萎靡幾個小時，你也可以不經常運動。但如果你必須處理重要事務，需要處於心智狀態巔峰的話，在你開始之前的幾小時內，別這麼做會比較好。

在後續段落，我會解釋運動、食物及咖啡因等，可能會如何影響你接下來幾分鐘或幾個小時的心智運作。當你發現自己無法清晰思考時，或是感覺非常焦慮不安、壓力大到快要受不了時，你應該改變自己的身體狀態，重新設定為較好的狀態。

了解運動和飲食如何影響你的心智作用，你就可以把它們當作工具來使用，幫助自己在工作有需要時變得更有效率，例如當你即將進行一場簡報、必須趕工應付截止日期，或是準備要和客戶開一場重要會議等。當然，不論什麼時候，如果你要劇烈改變你的飲食或運動型態時，應該先諮詢醫生。

運動如何影響你的心智狀態

許多人格特質無疑使已故的前南非總統尼爾森．曼德拉（Nelson Mandela），在四處躲藏及作為政治犯被囚禁的數十年間，能夠展現極大的心智韌性。不過，他將自己清晰的思考能力和毅力，部分歸功於他的身體活動——即便在日復一日的小牢房裡，他也是保持運動的習慣。曼德拉在自傳中透露，在被囚期間，週一到週四，他原地跑步（有時最多跑上四十五分鐘），並且做伏地挺身、仰臥起坐等運動。

「我發現，在身體狀況良好的情況下，我可以把工作做得更好、思考得更清楚。因此，鍛鍊身體變成我生活中必不可少的紀律之一。」[3]曼德拉在自傳中寫道。

數十年來，各種醫療保健專家敦促所有人多運動。持之以恆的運動習慣，對我們的身心健康、整體福祉及外貌的長期益處，證據十分充足，想必各位已經聽過這些建議數百萬次，在此我就不贅述了。我只強調曼德拉似乎了解甚深的一項訊息，那就是運動對心智運作表現具有立即的影響作用。

適量的溫和運動，能讓你擁有更強的自制力

你可能不曾在健康養生及塑身減肥的相關文章上，讀到運動所帶來的立即效益，這些效益在一節運動之後可能就會立即顯現。在適當的時間，縱使只是

一點運動，也能幫助你在接下來的幾個小時內思考得更好、有效保持專注、讓思緒變得更敏銳，並且減輕焦慮等，而這些都是維持生產力的要素。

一項統合分析顯示，運動十到四十分鐘，具有改善大腦執行功能的立即和持續性效果。[4]前文在策略二提過，「執行功能」是大腦指揮和控管其他心智活動的種種能力，例如在幕僚會議中把一些事項列為優先執行，或是在績效評估檢討會中克制回罵上司的衝動。研究顯示，運動特別有助於提升和自制有關的執行功能。

另一個例子是，日本有一群研究人員請實驗參與者接受心理學界常用的「史楚普測驗」（Stroop test）。他們讓這些受測者接受「史楚普色字測驗」（Stroop Color Word Test, SCWT），他們向受測者出示一張寫著「顏色」詞彙的字卡（例如「黃色」），但是詞彙以不同顏色呈現(例如黑色)，也就是用黑色寫出「黃色」這個詞彙。

該測驗要求受測者說出自己看見的詞彙，或是詞彙所呈現的顏色。以前述這個例子來說，就是盡你所能快速、大聲地說出「黃色」或「黑色」。通常，當顏色詞彙與實際的顏色不同時，例如用黑色寫出「黃色」，受測者作出正確回答的速度就會比較慢。而當顏色詞彙與實際的顏色相同時，例如用黑色寫出「黑色」，受測者作出正確回答的速度就會比較快。在這項色字測驗中，用愈短時間作出正確回答者，代表擁有較佳的抑制性控制力（inhibitory control）。

完成測驗後，研究人員要求其中一些受測者，以精確設定在「溫和程度」的狀態下運動十分鐘——「溫和程度」的運動只消耗參與者最大吸氧量的一半，吸氧量反映一個人的需氧體適能，[5]而最大吸氧量的一半相當於輕快步行或輕鬆慢跑的吸氧量。在這些受測者運動完休息十五分鐘之後，他們再次接受史楚普色字測驗。其餘受測者則是控制對照組，研究人員不要求他們運動，只讓他們休息二十五分鐘，然後再次接受史楚普色字測驗。[6]

結果發現，十分鐘的溫和運動，不僅使受測者在後面的史楚普色字測驗中明顯反應較快，他們的側前額葉皮層區（lateral prefrontal cortex）也變得更為活絡——這是大腦司掌自我控制功能的區域。這些腦部攝影發現顯示，運動不僅使我們更機靈、更敏捷、更快去做任何事，也促進大腦運作發揮自制功能，有益於作決策、規劃、解決問題等需要使用自制力的工作。前面在策略二曾經提過，當我們的心智疲勞時，受累的正是這類認知功能。

保持適量運動，有助提升專注力

也有證據顯示，運動能使注意力變得更加銳利。伊利諾大學香檳分校（University of Illinois at Urbana-Champaign）有一群研究人員，請實驗參與者在跑步機上溫和地運動，達到最大心跳率的六〇％，相當於輕快步行或輕鬆慢跑的心跳速率。[7]在參與者結束運動、心跳率恢復正常後（通常是在結束運動二十至二十五分鐘後），研究人員請他們進行「旁側夾擊作業」（flanker task），對螢幕上他們瞄準或尋找的目標物兩旁出現的其他分心事物不予理會。

研究人員發現，適量的溫和運動，不僅有助於使注意力變得更敏銳，而且會讓注意力調節得在一開始就聚焦於收到的資訊。這顯示，適度的溫和運動能夠幫助你聚焦、變得更專注，並且使你的認知能力避開分心事物。把這應用到工作世界中，就類似於讓你更聚焦在電腦螢幕上閱讀的某份文件中的字句，不被彈跳視窗或其他通知等干擾而分心。

運動對我們的生產力最大的益處之一，就是運動後立刻會讓我們的整個心智狀態獲得改善。不曉得你是否有過這樣的經驗：因為太長一段時間沒吃東西，所以心情、思考能力、專注力或心智運作敏捷度變得怪怪的？你的心智狀態會出現這樣的變化，是因為你的血糖降低了。[8]在血糖降低時，每個人產生的反應雖然不同，但這類生產力降低的徵狀相當普遍。

有糖尿病，或是壓力很大、有憂鬱傾向？運動能幫你改善情況

研究發現，運動也有助於穩定血糖。對第二型糖尿病患者來說（這類患者的身體組織對糖分的吸收代謝異常，糖分容易聚積在血液中，造成高血糖的危險），研究發現，做一節有氧運動可使血糖降低十六%，並且維持大約三個小時。[9]運動是治療糖尿病的一個常見項目，效益早已廣為人知，而這項研究的貢獻是，它發現僅僅做一節運動，就能立刻產生降低血糖和改善心智能力的功效。

運動也非常有助於減輕焦慮。一項統合分析在分析一百多項研究結果後得出結論：進行二十一分鐘到三十分鐘的有氧運動，便足以有效地在運動後減輕焦慮感。[10]另一項研究顯示，就更長期而言，運動可以有效阻止慣性壓力所帶來的不良影響。[11]

還有一項統合分析也發現，證據顯示，運動不只能減輕焦慮不安的負面情

緒，還有擴大正面情緒、帶來好心情的作用，能讓我們感覺快樂、高興、活力充沛、充滿熱情等。[12]做完低衝擊或溫和程度的運動之後，能夠有效地提高正面情緒；令人訝異的是，如果進行較劇烈或較長時間的運動，這方面的效果就沒有那麼大了。

那麼，何謂「適量運動」呢？研究人員的定義大致是：二十到三十分鐘的高強度運動，或是三十到四十分鐘的中等強度運動。想像一下，你用某個速率慢跑，呼吸有點喘、心跳比較快、流了很多汗，這大概就是高強度運動。至於中等強度的運動，前面提過，相當於輕快步行或輕鬆慢跑，你會稍微出點汗、呼吸頻率比平常略快一點，但距離你的極限還有一段距離。

此外，該研究也顯示，這種提高正面情緒的作用，在運動後三十分鐘內達到高峰，而且這種情緒提振的作用，在那些在運動前情緒低落的人身上最為強烈。也就是說，當我們在最需要時，運動提振情緒的功效最大。[13]此外，還有一項統合分析發現，持續二十一分鐘到四十分鐘的溫和有氧運動，能使人在運動後感覺更有活力。[14]

說了那麼多，這些研究對創造高效率的工作時段有何含義呢？

工作時，也可藉由適量運動來提振心智能量

如同前文所述，我在策略四的重點，並不是要建議你規律運動，以保持健康、提升工作效率。我要建議的是，不論你目前是否從事規律運動，都可以在特定時間運用運動來提振你的思考力和心智能量。

你需要做一場簡報、完成一項重要專案、撰寫一份重要的策略文件，或是向大客戶提案？你和客戶互動時，總是感覺很緊張？你和老闆或客戶會面時，總是不禁感覺有點焦慮？你在從事某些事務時，例如做枯燥乏味的工作、自己不擅長的活動，或是和某個你覺得很難搞的人一起工作時，心情總是變得低落

嗎？每當開完馬拉松會議之後，你總是感覺完全虛脫嗎？每天或每週的某些時刻，你是否慣常地感到疲累或心思渙散？下次，當這些時刻出現時，請做些溫和的運動，能夠給你一些幫助。

如同前文所述，有非常多的研究都顯示，適量的溫和運動，能夠幫助你在運動後一段時間內保持專注、思緒變得清晰，並且能夠改善你的心情、幫助你冷靜下來等。這麼說好了，運動就像一個重設鈕，是改善你的心智表現的一項可靠、有效且快速發揮作用的策略。溫和、適量、足以使你稍微出汗，但不會讓你感到精疲力竭的運動，能使你在運動後幾個小時內的心智狀態大不相同。

下列是一些小技巧，讓你在上班時也能善用運動的好處：

- 當你感到精神不濟、無法專注時，可以走出辦公室去活動一下。你可以輕快地走上三、四十分鐘，或是到樓梯間去上上下下爬樓梯十到二十分鐘。如果你常去的健身房就在附近，也可以去使用一下跑步機、飛輪健身車或某項你偏好的運動器材，運動個二、三十分鐘。試著流點汗，但別過度。適量運動可以幫助你提升專注力和心智敏捷度。

- 如果可能的話，把具有挑戰性或會讓你感到焦慮的會議，安排在你可以在會前騰出時間做適量運動的時段。開會前的適量運動，可能有助你消除緊張、冷靜下來，並且改善你的心情。
- 當行事曆上有一項特別困難或消耗心力的事務時，不妨在當天早上做點運動，這能夠幫助你更容易應付它。或者，你可以安排在做完此事後立刻做點運動，以及時恢復你被消耗的心智能量並且改善心情，讓你能處於較佳的心智狀態，以處理接下來的事務。
- 整體而言，你可以妥善規劃時間，讓自己在需要發揮高效率工作之前的幾小時內，進行二十到四十分鐘的運動。

曼德拉可以在牢房內原地跑步，你可以在有重大會議的當天早上在跑步機上運動。下回，當你需要處理重要事務時，也請一併考慮你的身體狀態是否能讓你成功處理此事，而不是只考慮你的心智狀態。

吃什麼、怎麼吃，也會影響你的表現

如果你的行程不容許你在當天最需要時從事運動，還有其他方法可以使你的身體狀態達到生產力巔峰，其中一種方法是你天天都在做、甚至在工作場所也做的事：飲食。你在何時吃、喝什麼，可能對你在後續時間的精力、心情和大腦的執行功能具有相當程度的影響作用。當你需要進入高生產力的狀態時，除了藉由運動來恢復你的身心能量，你也可以藉由策略性地改變飲食份量與內容來對抗心智疲勞。

碳水化合物、蛋白質和脂肪的影響作用

有一些研究比較碳水化合物、蛋白質及脂肪對我們進食後幾小時的思考與感覺的影響，[15]截至目前的研究發現可能會令你感到驚訝。一項近期研究回顧顯示，碳水化合物能對一些心智功能產生很短暫、只維持幾分鐘的提振作用。例如，在某項研究實驗中發現，在攝取碳水化合物十五分鐘後，注意力獲得改善，但在攝取碳水化合物一小時後，大腦的其他執行功能降低。

一些研究人員相信，因為身體需要時間來消化、吸收營養，因此飲食後幾分鐘就出現的影響作用，可能和攝取的營養無關，而是和大腦偵測到營養即將進來有關。反觀，高蛋白質餐點會在一小時後提升記憶力。[16]

至於脂肪，信不信由你，脂肪可能相當有助益。一項研究使用嚐起來相似、但主要營養素不同的香草冰淇淋作為實驗用食品，該研究發現，當人們攝取的主要營養素是脂肪、而非蛋白質或碳水化合物時，對幾種運用大腦執行功

能的事務具有較大的助益作用，此助益作用大約持續三個小時。

在該項研究實驗中，以大豆油、棕櫚油和乳脂肪含量高的鮮奶油結合而成的脂肪，導致的血糖濃度或調節血糖濃度的荷爾蒙平衡作用變化程度，比碳水化合物或蛋白質導致的同種變化程度來得低。此外，碳水化合物和蛋白質導致的影響作用也不同：碳水化合物提升短期記憶的效果比蛋白質來得強，而蛋白質提升注意力的效果比碳水化合物來得強。[17]

所以，如果你想提振認知功能的表現，或許不必太在意在咖啡內加入大量奶油，或是吃下一塊高脂肪的起司蛋糕。但請注意，就長期而言，飽和脂肪對認知功能有害，而 omega-3 脂肪酸似乎有益。[18]

血糖濃度與生產力

探討碳水化合物對心智功能影響作用的研究，比探討蛋白質和脂肪影響作用的研究還要多，但是針對碳水化合物，有一項重點必須釐清。碳水化合物影響作用的強弱，取決於它們的升糖指數（glycemic index，GI），此指數用來衡量碳水化合物影響血糖濃度的程度（速度）。

糖分以葡萄糖的形式進入血液中，葡萄糖是腦和身體的主要燃料之一，如果我們直接吃葡萄糖的話，血糖濃度會快速上升。葡萄糖的升糖指數是最高程度的一〇〇，其他碳水化合物對血糖的影響作用則比葡萄糖弱，例如一顆蘋果的升糖指數只有三四，意指它對血糖的影響程度，只有純葡萄糖影響程度的三四%。[19]

大多數的純天然蔬果，升糖指數都低於麵包、穀麥片、義大利麵、糕點、餅乾、甜食和糖，但是有幾個例外：燕麥和藜麥的升糖指數低於其他許多穀物，香蕉的升糖指數則高於其他許多水果。還有，人們有時會犯下列錯誤：果汁也許是用低升糖指數的水果打的，但必須打入好幾顆水果才有一杯果汁，因此相較於吃水果，少量果汁所含的碳水化合物往往更多。

維持穩定的血糖濃度，對認知功能和穩定情緒最有益，因此吃什麼種類的碳水化合物，差別很大。一項研究實驗把受測者分成三組，三組人的早餐都吃了塗抹低卡路里果醬的麵包、低卡路里優格，以及橘子口味的飲料，但三組的優格和飲料升糖指數不同，分別是：一〇〇、六七、三二。研究人員在受測者吃完早餐幾小時後，評估他們的心情。

結果發現，早餐吃的升糖指數愈高的受測者，敵意愈高或愈難相處。但這些研究人員也指出，實際的情形其實更為複雜：對情緒和認知功能的影響作用也取決於其他因素，例如個人的葡萄糖代謝功能。葡萄糖代謝功能較佳的受測者，情緒和認知功能受影響的程度較為明顯；葡萄糖代謝功能較差的受測者，情緒和認知功能受影響的程度就不那麼明顯。[20]

另一項針對十二歲至十四歲青少年所做的研究發現，相較於高升糖指數早餐或不吃早餐，低升糖指數早餐對大腦的執行功能有幫助，例如評量自我抑制力的「史楚普測驗」，或是評量面對分心事物時的專注力測驗「旁側夾擊作業」

等，而主要的效益發生在餐後兩小時。在這項研究中，高升糖指數早餐的升糖指數約七十出頭，低升糖指數早餐的升糖指數為四十多快五十。[21]

一次吃多少比較好？

吃什麼會影響我們的精力和心智敏銳度，縱使是在正常的份量內，一次吃多少的影響也很大。在英國進行的一項研究實驗中，研究人員讓兩組受測者吃完全相同的食物，但其中一組獲得兩份較大份量，另一組則獲得四份較小份量。

獲得兩份較大份量的那組人，分別在早上九點和下午一點，喝下主營養素為五十八．四克碳水化合物、二十一．五克蛋白質，以及二十五．二克脂肪的奶昔，相當於在一般早餐與午餐時間所吃下的食物份量。另一組則分別在早上九點、早上十一點、下午一點及下午三點，喝下主營養素都減半的奶昔，包含二十九・二克碳水化合物、一〇・九克蛋白質，以及十二・六克脂肪。

兩組人都在喝完奶昔一小時後執行指定作業，這些作業旨在測驗他們的反應時間、語文推理和記憶力等表現。喝下四次較少份量奶昔的那組人，在幾項作業中的表現有明顯改進。研究人員推測，平均分配的較少份量餐點，有助於調節血糖濃度，對思考、尤其是工作記憶，具有正面的影響作用。[22]

喝什麼飲料、怎麼喝，也很重要

食物對我們的心智能量有重要影響，飲料也一樣。我們首先探討最普遍的飲用品——水，看看當水喝得不夠時，會發生什麼情形。

水

人體大約有五〇%是水分，[23]我們的基本生命功能以各種方式仰賴水分，因此讓身體和大腦持續獲得充足的水分，對整體表現和工作效率確實是一項關鍵要素。身體脫水的影響恐怕遠超過我們的想像，即便只是輕微程度的脫水，也會對我們的心智能量和發揮最佳能力造成負面影響。

一篇文獻回顧論文檢視許多研究後指出，即使是健康的年輕成人，體內水分降低二%，儘管不會傷害長期記憶或大腦的一些執行功能，但會傷害到注意力和短期記憶。[24]

在主觀經驗方面，身體脫水似乎也產生負面作用。舉例而言，一群研究人員想探討身體脫水的影響，他們讓一群女性在跑步機上走四十分鐘，平均而言，脫水使她們的身體質量減少了一．三六%。在這項研究中，參與女性在一些測驗日子喝水補充體內流失的水分，在其他測驗日子中則未這麼做。

研究人員發現，當她們運動脫水而未補充水分時，比較容易發怒、感覺疲倦、難以專注。[25]

也有研究顯示，年紀愈大，水分對認知能力和情緒的影響作用，變得愈加明顯。[26]所以，別低估一杯水在保持心智活力方面的功效。當你必須處於最佳的心智狀態時，若你在過去一、兩個小時內並未喝水，趕快走向飲水機去喝點水。或者，何不給自己一點「犒賞」，用高級一點的水來取代白開水？我個人非常喜愛汽泡礦泉水，我姪子三歲時稱它為「香料水」。

咖啡因

咖啡是許多人用來對抗疲勞的一種常見飲料，根據估計，全球八〇%的人每天喝咖啡、茶，或是其他含有咖啡因的飲料。[27]你可能和我一樣，每天早上都仰賴咖啡來醒腦，若是如此，你應該也注意到，喝咖啡有時似乎不管用，彷佛咖啡因全然失效。

咖啡、茶、汽水、能量飲料或熱巧克力中的咖啡因有好處，也有壞處，它有時對我們的認知功能表現和情緒有助益，有時則是有害。研究顯示，適當地使用咖啡因，對許多人而言利大於弊。接下來，我們來看看一些科學研究，以了解何謂「適當」使用，以及咖啡因對人體造成的影響。

一些研究人員相信，咖啡因對心智功能的助益，其實是出現在我們對咖啡因產生依賴之後。當我們不喝咖啡因時，例如晚上睡覺的很長一段時間，我們進入咖啡因戒斷（withdrawal）的狀態中。在戒斷時期，我們的心智功能降低，可能會陷入較負面的情緒，甚至會出現頭痛症狀。

一旦我們喝了一杯咖啡或濃茶，體內湧現的咖啡因會使我們感覺比在咖啡因戒斷時期好很多，也會使我們的心智功能更敏銳，並且有助於改善我們的情緒。伴隨咖啡因流至我們的血液，它使我們回到正常運作的表現水準，也就是如果我們並未對咖啡因形成依賴性，在其他因素不變的情況下，我們通常會有的正常運作表現水準。[28]

不過，別擔心，這並非指你應該戒掉咖啡。研究顯示，喝咖啡對身心健康具有長期益處，例如在上了年紀之後，它能減緩認知能力的衰退，並降低罹患第二型糖尿病的風險。[29]

但也有研究人員相信，不論我們是否對咖啡因產生依賴性，咖啡因都會影響我們的心智功能。舉例而言，芝加哥大學（University of Chicago）的研究人員，針對每週咖啡因攝取量低於三百毫克——大約三杯八盎斯（約二三七毫升）咖啡或一．五杯大杯星巴克咖啡——因此對咖啡並無依賴性的人，調查咖啡因對他們的影響。

由於這些人對咖啡沒有依賴性，所以如果咖啡因對他們產生影響，那這些影響作用就不是為了克服咖啡因戒斷症候群。該研究發現，相較於安慰劑，不論是一五〇毫克或四五〇毫克的咖啡因，都具有興奮、減輕疲勞、提高注意力的作用。但也不都是正面的影響作用，舉例來說，四五〇毫克的咖啡因，也會稍微增加焦慮感和傷害記憶力。[30]

也許這兩種理論都對，咖啡因的一些明顯效益，可能是消除戒斷症候群的結果，另一些效益則可能是咖啡因本身的直接作用。不論如何，研究顯示，一點咖啡因大概能使你進入效率更高的更佳心智狀態。但是，和任何藥物一樣，這取決於你如何攝取咖啡因和攝取量。

如果咖啡有效，三十分鐘左右就會知道

如果你尋求提振精神和心智能量，最好在攝取咖啡因的同時，再加上一點其他食物。一項研究發現，攝取咖啡因時只加水（例如喝黑咖啡），雖然能在喝完的三十分鐘後提振感覺，但在一個半小時到兩個半小時後，咖啡因可能更難以讓你感覺能夠清晰思考，也可能會令你感覺更疲倦，甚至提高敵意。[31]

不過，如果你不是把咖啡因和水混合著喝，而是把它和優格飲料混合著

喝，就能消除這些作用，使咖啡因對你的感覺的正面作用持續得更久。此外，有一點值得一提，很多人喝咖啡只加糖，加糖並不夠——在一項研究中，若只摻和咖啡因和葡萄糖，對人們在攝取後幾小時的感覺並無幫助。我們的身體是非常高明的化學家，它能以各種方式結合食物或藥物，令我們的感受大不相同。

那麼，多少咖啡因含量，才能產生提振生產力的效益呢？因人而異。你必須自己嘗試，以得知多少量對你最為合適，然後遵循這個攝取量。誠如十六世紀初的醫生帕拉塞爾斯（Paracelsus）所言：「所有東西都是毒物，沒有東西是無毒的。唯有適當的劑量，能使一項東西變成不是毒物。」[32]劑量決定毒性，只要攝取超過適當含量，就會產生負面作用。

少即是多，無效時喝再多都沒用

一般來說，少量咖啡因能夠促成更正面的情緒，甚至能夠減輕焦慮。[33]但是，基因差異性使然，咖啡因可能幫助某些人減輕焦慮，卻導致某些人變得更焦慮[34]——你大概已經從生活中的反覆試驗得知自己是哪一種。如果咖啡因使你變得更焦慮，或者讓你的腸胃感覺不適，你應該嘗試遠比過去還低的攝取量。研究顯示，就咖啡因的正面效益而言，有時候，少即是多。

此外，一項探討注意力的研究發現，最多兩百毫克的咖啡因攝取量（例如一杯中杯濃咖啡），能夠改善某些層面的注意力，但四百毫克的咖啡因攝取量並不會帶來更多益處。[35]

另有一項研究比較了平均一天攝取約一五〇毫克咖啡因的人，以及平均一天攝取三百毫克咖啡因的人，讓這兩組人攝取四百毫克的咖啡因（相當於一杯特大杯、二十盎斯星巴克咖啡的咖啡因含量），結果兩組人都出現某種程度的焦慮感上升和緊張的負面情緒。只有平時攝取大量咖啡因的那組人，因為這四百毫克的咖啡因產生提神效益。[36]

在另外一項研究當中，研究人員仿效許多人攝取咖啡因的慣常模式，讓受測者在中午前攝取一百毫克的咖啡因（就像你可能會喝的一小杯咖啡），並在中午過後攝取一五〇毫克的咖啡因。在這些受測者當中，那些並未習慣性攝取咖啡因或是僅攝取少量咖啡因（平均一天低於四〇毫克）的人，並未在午前及午後攝取咖啡因後感覺更提神，或者認知能力表現更佳。

相較之下，那些習慣每天攝取四〇毫克以上咖啡因的人，則的確感受到提神作用，認知能力的表現也變得更好。研究人員認為，咖啡因在那些並非習慣性喝很多咖啡的人身上所導致的焦慮感，抵消了咖啡因對情緒或認知功能的正面效益。[37]

最後，研究證據顯示，半罐紅牛（Red Bull）能量飲料（大約四〇毫克的咖啡因，再加上可能影響其作用的其他成分），所產生的正面效益高於喝掉一整罐或一罐半。也就是說，在對抗疲勞和促進至少一項執行功能（自我抑制）方面，「最少量」的能量飲料效果較佳。[38]

如果喝咖啡失效，請考慮小睡一下

攝取咖啡因後，需要經過三十分鐘的時間，才會產生充分效果。[39]因此，你應該等到它充分展現效果後，才考慮繼續喝更多——在此之前，我們往往喝得更多，尤其是當身體感覺很疲累或非常緊張時。否則，你可能會攝取過量的咖啡因，非但沒有享受到提振精神的效益，反而可能感受它導致的焦慮。

如果你是習慣攝取咖啡因的人，為了獲取咖啡因的最佳效益，就算你真的很累、緊張或壓力大時，仍然應該堅持攝取你的正常量，讓咖啡因有時間產生充分效果，別急著攝取遠多於平常的量。如果攝取咖啡因對你而言是新嘗試，或者你不是慣常依賴咖啡因的人，那就別經常性地攝取，把它保留到感覺疲倦或是因為疲勞而難以專注時才喝。

最後，提醒各位，如果咖啡因無法提振你的注意力、機敏度、心智能量和正面情緒，喝再多可能也無濟於事。在這種情況下，打個盹對你的效用，可能遠大於喝更多咖啡。

工作時，你可以這樣策略性地吃吃喝喝

我們全都知道，吃太多或是喝含糖飲料，可能會導致我們在接下來的幾小時內精神萎靡、感覺疲倦——你我都曾體驗過吃完豐盛午餐後昏昏欲睡的感覺。

既然我們都知道這點，為何我們還是經常這麼做？許多人並不了解身體和心智的交互作用有多強烈，所以在未多加思考的情況下，就放任習慣引領自己

做許多事，我們經常任由習慣忽略飲食對認知能力的立即影響。

如果你希望自己在某個工作時刻擁有最佳的心智能量、效率最好，應該特別留意你的飲食，以便在一小時後擁有你想要的身心狀態。下列訣竅教你如何進食，以及選擇吃喝什麼，以提高你接下來兩到三個小時的生產力。

- 早餐或午餐只吃一半，幾小時後再吃剩下的一半。
- 若你需要快速提神，高碳水化合物的點心，或許能夠幫助你提高專注力、感覺良好，效果大約十五分鐘。若你需要處於巔峰心智狀態的時間比這還要長，就應該避免吃高碳水化合物的餐點或零食，別吃義大利麵、三明治或披薩，別喝果汁、汽水或加糖的冰茶，也別吃炸薯條、洋芋片、太多麵包及甜食。
- 相反地，你可以吃那些結合蛋白質、低升糖指數碳水化合物和好脂肪的餐點或零食——蔬菜和水果通常是優質碳水化合物。忙碌時，堅果是不錯的零食。

- 別貪吃或誤食碳水化合物過量的一餐。你的整份正餐或點心，應該富含蛋白質和低升糖指數碳水化合物。如果你吃了雞肉加上一大盤飯和豆子，再喝了一杯加糖冰茶，那就是碳水化合物過量的一餐。
- 如果你在過去一、兩個小時內並未喝水，或是做了任何運動，請趕快喝水，這會讓你的感覺不同。
- 當你感覺疲倦或睡眠不足時，喝杯含咖啡因的飲料，但要少量，別喝多於平常的量，並且讓咖啡因有三十分鐘的時間產生充分效果。你可以在咖啡中加入奶油，脂肪也許有助使你的血糖濃度更穩定。

其實，你可以管理自己的感覺

通常，在決定吃什麼時，多數人只會考慮到這兩點：好不好吃？（吃了是否會讓我感到滿足、快樂？）；健康嗎？（這東西是否符合我的減肥或養生計劃？）同樣地，在做運動時，我們通常也是為了增進健康與福祉。當我們在決定吃什麼或何時運動時，鮮少是基於希望大腦在飲食或運動後的「幾小時」處於怎樣的狀態。

多數人都傾向認為，不論我們的身體感覺如何——昏昏沉沉、難以專注，或是活力充沛、思慮清晰，我們都必須忍受，並且設法展現生產力。其實，你可以學會管理身體的感覺，你擁有的這項能力比你原本想的還要強。

不論你的體能狀態是否一直保持得很好，或是根本就很少運動；不論你是注重吃得營養又健康的人，或是經常大啖漢堡與薯條，我都希望策略四能夠激發你用不同方式思考運動和飲食，把它們當成一項實用的工具，幫助你創造高效率的工作時段。

策略 5

—

噪音、光線、雜物？
打造最有益的工作環境

莎曼珊擔任這項新職務已經有六個月了，她感覺自己像是逆流而游，毫無進展。不久前，她被任命為這家新創公司的財務長，她的新老闆、公司的執行長，指派給她的一長串事務，令她感覺招架不住。每週，都有新挑戰在等著她：處理新購併案、督導各部門的會計帳目、招募新員工，或是思考全公司的成本撙節方案等。

今天，莎曼珊下決心一定要在工作上有點進展。和執行長開完會後，她把目標鎖定在辦公桌，想要專心完成一些重要工作。不過，說的永遠比做的容易，和許多新創公司一樣，他們也採用開放式的辦公空間，所有經理人和團隊成員在同一個辦公空間工作。在走回部門的樓層區域時，莎曼珊試圖把頭壓低，避免和任何人接觸目光，但同事卻急著找她。

開放式辦公室，令人無法專心的地方

在被幾個同事拉住問問題、簽核表單之後，莎曼珊終於回到自己的辦公桌前。歷經像打仗一樣忙亂的幾週，她的這塊專屬小領土處處堆積凌亂。坐在微暗的檯燈下，莎曼珊凝視著前方兩呎高的米白色辦公桌隔板（她選擇桌邊設立隔板），然後她把一疊文件往旁邊推一點，以騰出空間放置她的咖啡。

她需要創意思考，想要快點靜下心來專注工作，所以努力不去注意身邊的噪音——同事們的談話聲、電話鈴聲、印表機列印文件的聲音……她傾身靠近電腦一點，這樣至少看不見任何人朝她走來。她把手肘抵在桌上，用手掌撐住自己沉重的腦袋。「在這裡，我無法完成工作……」她心想。

我們大多對自己的工作空間都沒有多少選擇，除非你是自雇者，或是在家裡工作，否則在辦公環境方面，大概只能受制於雇主決定的辦公空間設計。但即使你無法選擇或改造辦公環境，在策略五，我會提出一些各位可以做得到的方法（不論你是在辦公室或在家工作），幫助你打造出最能讓自己做事有效率的工作環境。請放心，我說的並不是重新裝潢這件事，或是要你設法只留在家裡面工作，因為我知道你大概很難做到。

和運動及飲食一樣，我們所處的環境，也會明顯影響我們的大腦運作。學習有效管理接下來要介紹的這些環境因素，也能使我們做起事來更有效率。這涉及了解我們的大腦和心智功能，如何及為何對外在刺激作出反應，透過一些科學實驗的佐證，我會讓各位了解如何成功避開這些外來刺激。

在後續的段落中，我會讓各位了解我們如何反應工作場所中常見的外在刺激，尤其是在噪音、光線、身旁所處的空間等面向。了解這些資訊，各位就知道環境因素可能如何破壞我們的生產力，也知道日後要如何應對，以便在最需要時，能夠處於最佳的心智狀態來面對各項工作挑戰。

本書的這最後一項策略，可能是你老早就發現、一直覺得困擾，但似乎想不出對策解決的問題解方。它讓你了解如何對辦公環境作出一些選擇，以便保持專注、發揮最佳思考力。

環境中各種打斷我們的聲音

一邊工作一邊聽音樂，到底是有益或有害？環境中有時出現的白雜訊（white noise）呢？有時候，我們不想工作，但是必須工作，最後可能決定在電視機前工作，讓自己至少感覺好一點。但這麼做，是不是在自我欺騙，認為自己也能在嘈雜的環境中工作？

關於這些問題，我有壞消息，也有好消息。壞消息是，研究人員已經發現，包括背景音樂、城市聲音、人們的交談聲在內，環境噪音導致絕大多數人的工作效能「變差」。好消息是，有一些簡單的方法可以作出改變，以提高我們的工作效能。

斷斷續續的談話聲，是專心工作的頭號勁敵

在各種噪音源頭當中，最難阻絕的是周遭斷斷續續的談話聲。想對周遭斷斷續續的談話聲充耳不聞，難度特別高。時不時，你會聽到左前方發出一言，隔了一下，右後方也發出一句，此起彼落。在開放式辦公空間裡，坐你後方的同事彼此詢問問題，或是某人在電話上聽了一會兒後，開始間歇地說話。

這種斷斷續續的談話聲，是辦公室中最常聽到的聲音之一。一項統合分析檢視兩百四十二項關於噪音如何影響工作的研究後發現，相較於音量和節奏變化較小的持續性談話，或是非談話性質的噪音，斷斷續續的談話聲，對需要運用認知技巧的工作，例如保持高專注力、閱讀和處理文書作業、處理數據等，影響程度更大。[1]

工作環境中的斷斷續續談話聲，可能是影響工作效能的最大問題。不過，這並不表示其他噪音，例如持續性的談話、音樂或白雜訊就沒關係。另一項統

合分析檢視聽音樂對工作績效的影響，研究人員發現，雖然聽音樂能夠改善正面情緒、提升運動表現，使人們做事速度快一點，但對閱讀具有干擾作用。[2]

單調持續的白雜訊

如果你無法避開嘈雜的環境，那麼是否應該播放白雜訊，以蓋過其他噪音呢？白雜訊是單調的背景音，就像一台電風扇發出的運轉聲，或是某人持續發出「噓……」的聲音。如果白雜訊能夠蓋過斷斷續續的談話聲，那麼聽白雜訊可能比聽斷斷續續的談話聲要來得好，但這並不是理想解方，因為安靜應該要比白雜訊好上太多。

一項研究在一所中學進行實驗，發現多數學生（在課堂上有最嚴重專注力問題的學生除外），在白雜訊中的記憶表現，比在無噪音中的記憶表現差。但是，那些專注力問題最嚴重的學生，反而在白雜訊的環境中記憶表現較佳。[3]

如果是這樣的話，那些在熱鬧、嘈雜的咖啡館裡工作或做作業的人，難道是在自我欺騙，認為在那種環境下做事會有效能嗎？我喜歡咖啡館裡的氛圍，所以要我這麼說，實在是很難過，但沒錯，就絕大部分的情況而言，我們確實是在自我欺騙，但還是有一些例外。

個性外向、短期記憶力佳的人，比較耐得住噪音干擾

蘇格蘭格拉斯哥市（Glasgow）一間實驗室進行了一項研究，想知道噪音對內向者和外向者的認知技巧表現，是否具有不同程度的影響。該研究發現，確實如此。研究人員讓受測者暴露於不同種類的音樂噪音中，例如日常噪音（他們還分類為「高刺激可能性與負面影響」及「低刺激可能性與正面影響」的噪音），以及安靜、無噪音的環境中，讓受測者完成一系列的認知能力測驗。

結果顯示，所有受測者在背景存在任何種類的噪音時，認知能力測驗的表

現比背景無任何噪音時的表現都要差。但研究人員同時發現，內向的受測者在噪音背景下的測驗表現，比外向者的表現更差。對此，他們的推論是：內向者通常較容易對外在刺激招架不住，因此噪音導致他們分心的程度也比較高。[4]

不過，並非只有外向者在對抗環境噪音而導致分心這方面具有優勢，研究顯示，天生工作記憶能力較佳的人，例如那些比較能夠記住一組電話號碼直到撥完號碼的人，或是比較能夠在交談中記住並保持在談話主題上的人，也比較能夠抵抗背景噪音，受到背景噪音的影響程度較輕。[5]

所以，如果你是外向的人，或是擁有較佳的工作記憶能力，你也許較能應付嘈雜環境，有效對抗分心問題。因此，你比較可能一邊戴著耳機聽音樂，一邊草擬一份文件；一邊聽你同事和客戶講電話，一邊完成簡報；並且在附近的影印機不斷轟隆作響的情況下，依舊精準地完成財務報告。儘管如此，請別誤會我的意思，如果你能在安靜的環境下工作，生產力無疑會更高。

中等程度的噪音，對提升創意有幫助

但噪音不必然有害，在「正確」的環境氛圍下，噪音可能對特定種類的工作挑戰有一些益處。在伊利諾大學香檳分校進行的一項研究實驗中，研究人員請受測者在不同程度的噪音下，執行一項創意挑戰作業。在這項創意挑戰中，受測者要盡一切所能，想像出一塊磚塊的多種獨特用途，例如當作門擋、錘子或桌面擺飾等。

結果顯示，這些受測者在低度噪音中（五十分貝，大約是一般大型辦公室的噪音程度），做此創意挑戰所發揮的創意，比他們在中度噪音中（七十分貝，比吸塵器離你十呎遠操作的聲音稍微安靜一點）[6]所發揮的創意略遜一籌。

該研究顯示，在噪音強度升高的情況下，受測者會更加難以思考；當他們更難以思考時，想出的點子就會變得更抽象、更為「大圖像」一點，簡言之，就是更有「創意」。但有趣的是，如果再把噪音程度升高，例如到八十五分貝，類似一輛柴油引擎卡車經過的噪音程度，[7] 就會讓受測者的思考變得困難到噪音對提升創意的正面作用完全消失。[8] 這項研究的結果顯示，中度噪音也許有助於創造力，但是強度太高或太低的噪音，可能有礙或無助於創造力。

安靜，是最有益的工作環境

有關噪音對生產力和創意的影響，諸多研究的結論相當明確：對知識經濟時代的大多數工作而言，安靜幾乎總是勝過嘈雜。

你可以做下列這些事，來幫助自己專注在重要的事務上：

- 如果你有自己的辦公室，請先把門關上。如果你沒有個人專屬的辦公室，可以事先預留一間會議室，或是找一個大致上沒有噪音和其他潛在分心事物干擾的地方。一個清靜、遠離噪音干擾的地方，通常比較有利於生產力。

- 如果你們公司的辦公桌是連在一起的，而且你必須待在那裡，不妨戴上抗噪耳機。如果有防噪音耳塞的話也很不錯，而且你還能隨時帶著。戴上抗噪耳機或耳塞，也許會讓你看起來或感覺有點怪，但你可以變得更有生產力。
- 不要聽音樂，也不要聽談話性節目。
- 如果你在家裡工作，關掉電視。
- 如果你正在做的工作需要發揮大量創意，可以享受一下背景音樂。你甚至可以考慮前往嘈雜的公司餐廳或附近的咖啡館做事，或者選擇播放一些音樂。

想遠離噪音，還有一個不錯的方法。在很多情況下，人們會早起或晚睡，或是利用週末在家完成工作。在安靜、不受打擾的家中環境工作，可能相當有助益。在辦公室工作當然有其好理由，但偶爾在工作天離開辦公室工作，同樣也有其好理由。

有很多方法可以不用讓你一整天待在家裡，也能利用在家的時間完成一些工作。例如，我發現這個方法很不錯：稍微早起一點，先在家裡工作一、兩個小時，再去辦公室，下午提早下班以彌補早晨的工作時數。當你早上已經很有效率地完成一些工作，能有助於減輕不在辦公室加班到較晚的罪惡感。

看到這裡，你已經更了解安靜環境的益處了。如果你能安排一週有一或多天時間在家工作，或許更能看到這麼做的好處。就算你在家裡沒有專屬的工作空間，只要是安靜的空間，就有助於創造高效率的兩個小時。

光線對工作表現的影響

影響工作效能的環境因素並非只有噪音，光線是另一個你通常可以掌控的外在刺激。

光線之所以會影響生產力，是因為我們的眼睛並非只用於視覺。二〇〇二年，布朗大學（Brown University）和約翰．霍普金斯大學（The Johns Hopkins University）在一項共同研究中的發現，改變了我們對眼睛的了解。

在此之前，科學人員只發現視網膜中的兩種細胞對光有反應，它們是視桿細胞（rod cells）和視錐細胞（cone cells），我們的視覺倚賴它們。兩校的研究人員發現，還有另一種細胞也對光有反應，但不是提供視覺功用。這些細胞和腦部負責生理時鐘的區域連結，[9]它們對視覺光譜的藍端光特別敏感，[10]例如晴朗藍天的光線。

生理時鐘司掌我們一整天的睡眠、清醒、進食和精力循環節奏，使細胞活絡的光，能夠幫助重設生理時鐘。雖然科學家至今仍未能充分了解個中原因，但科學研究正陸續探察出光對認知能力和情緒的影響作用。藍光和白光，似乎可提升一些能幫助我們增加效率的心智功能。如同後文將介紹的，這些光線會影響我們的敏捷度和專注力，而且能幫助我們在心智疲勞時復元。

在明亮光線下，工作效能佳、比較有活力

有研究顯示，加入藍光的白光，能夠使你感覺更機敏、思考更清晰。英國一群研究人員想知道，在這種帶有藍光的白光辦公室環境中工作（它感覺起來就像晴朗藍天的光線），對工作者有什麼影響。他們在一家公司進行這項研究，這家公司有幾乎一模一樣的兩個辦公樓層，兩個樓層的員工從事很相近的工作，使研究人員得以創造出非常相似的工作環境，以檢驗不同種類的光線對員工工作表現的影響。

研究人員發現，白天在帶藍白光下工作的員工，比較可能回報自己在機敏度、專注力、清晰思慮、工作績效、睡眠品質等方面有所改善，同時感覺在傍晚時比較不那麼疲勞。[11]該研究也顯示，帶藍白光能夠增進自制力和心像旋轉

能力，而心像旋轉能力對從事工程、設計及許多科技領域的工作者相當重要。

義大利有一支研究團隊，建造一個他們可以精確控制光線的房間，甚至當受測者坐到桌前，光線也能通達他們的眼睛。研究人員請所有受測者做需要使用自制力的執行功能工作，並且接受心像旋轉測驗。此心像旋轉測驗讓他們觀看一個 3D 物體影像，要求他們想像它如何旋轉，並且判斷它是否和另一個以不同方位呈現的 3D 物體影像相同。

這些受測者全都在白鹵素燈下接受測驗，然後他們重複接受同類測驗，但這一次，其中一組受測者在較暖色的鹵素燈下接受此項測驗，而另一組在較冷色的 LED 燈光下（在光譜上較偏向藍光）接受測驗。結果，兩組受測者在第一回合在白鹵素燈下接受測驗時的表現相同，但在第二回合的測驗當中，那些在較寒色的 LED 燈光下接受測驗的人，在自制這項執行功能上的效能較佳、心像旋轉的結果也較正確。[12]

不過，對工作效能有助益的光線種類，並非只有帶藍的白光。荷蘭一群研究人員為了探索明亮光線對人體機敏度的影響，讓受測者連續三天從早上八點到晚上八點頭戴測光錶，以測量他們在白天時暴露於多少光線之中。研究人員每天每隔四個小時，就詢問這些受測者感覺如何。結果發現，接觸明亮光線的時間夠多的話，能立即顯著增進他們所謂的「活力感」和機敏度——可以把這種狀態視為相反於疲勞狀態。而且，在一天的較早時段和冬季，明亮光線的此種影響作用就更大。[13]

較昏暗的光線，則有助於催生創意

不過，和噪音相似，似乎也有一些特殊的光線環境，比較有助於創造力。德國一項研究發現，相反於明亮光線的昏暗光線，比較有助於創造力。研究人員將受測者進行分組，安排各組在不同光度的工作環境中進行實驗，包含昏暗光線、與一般辦公室相近的光線，以及非常明亮的光線。然後，他們請所有受測者想像自己剛剛去了遙遠的銀河，請他們畫出在他們想像的星球上遇到的外星生命模樣——這項實驗聽起來真有趣！

結果，研究人員發現，那些處於昏暗光線下的受測者，比另外兩組人更有創意。研究人員表示，較昏暗的光線使人感到較自在、不受拘束，有助於展現較高的創造力。所以，光線對創造力的影響作用，關鍵或許不是光度本身，而是昏暗光線帶給我們的不拘感。這些研究人員也表示，果若如此，窗戶基本上也會帶給我們相同的感受——不受拘束的感覺，因此窗戶也能激發較高的創造力。

不過，這項研究也顯示，昏暗光線雖然對創造力有正面影響，對生產力卻有負面影響。那些在昏暗光線環境下的受測者，在執行需要專注力和遵循邏輯規則的分析工作時，表現比較差。[14]

想要不同的工作表現，你可以這樣調整光線

綜合前述這些科學研究提供的啟示，當你需要處於最適心智狀態時，可以做下列這些事：

- 打開更多盞燈，讓環境變得更亮一點。明亮的房間比光線較暗的房間，更容易引領你進入最佳心智狀態，尤其是在陰天或冬季。有必要的話，你可以自己帶盞檯燈到辦公室。
- 可以的話，在晴朗藍天時，前往充滿自然光線的地方工作。
- 不妨考慮把你的工作場所的燈泡，改換成帶有較多藍光的白光燈，就算只是更換辦公桌上的檯燈燈泡也行。研究顯示，這麼做有助於活絡和你大腦內生理時鐘連結的視網膜光受體細胞，幫助你變得更機靈。
- 當你想做需要發揮創意的工作時，可以把燈光調暗一點，或是找個比平

時光線稍微暗一點的地方。

你的辦公室也有這些問題嗎?

討論過前兩項會影響工作效率的環境因素:噪音與光線,乍看之下,我們會以為自己對這些因素沒有多少掌控權,但其實我們有。各位也已經在前文中看到,有一些方法可以應用——至少可以部分或在短時間內應用。

接下來,我們要討論第三項環境因素:近身工作區。我相信,我們可以運用一些有效的方法來影響自己周圍的環境。乍看之下,我們似乎也對自己使用的辦公桌、辦公隔間或辦公室的布置,沒有多大的掌控權。不過,還是有一些微調的做法,研究顯示,它們會明顯影響我們的心理作用。

在近身工作區中,有四項因素會明顯影響我們的生產力,而且我們確實擁有一些掌控權：

- 你身邊或桌面上，有多少凌亂的堆積物？
- 你可以自由伸展的空間有多大？
- 你能否經常、輕易地站起來活動身體？
- 你是否擺放有助於恢復心智能量的物品或圖像？

桌邊的雜亂囤積，會影響你的專注力

一說到雜亂物品堆，最常浮現在我腦海裡的畫面，是一位教授坐在堆滿報告和書籍的桌前，有些報告和書籍已經擺在那裡二十年了。儘管辦公室裡堆滿東西，書桌一片凌亂，這位教授卻一直都很多產，著作甚豐，也是位備受推崇的教師。但他的多產是不是源於他的雜亂無章，我們永遠不得而知，因為這位教授永遠不會清理這些凌亂，過去不會，現在不會，未來也不會。

雜亂或許對極少數人有助益，但對絕大多數的人而言，卻有礙我們的心智運作效能。如果認為雜亂對生產力沒有多大影響、不需要理會，那是在自我欺騙。策略三曾經討論過，人類大腦是非常擅長尋找分心事物的機器；更確切地說，研究顯示，當競相爭取我們注意力的事物愈多，我們就愈難掌控正在聚焦的事務。[15]

因此，你近身工作區的雜亂，諸如各項會議紀錄、早已忘了打哪來的資料和文件、偶然借來的書、產品包裝、訓練手冊、買來後從未使用過的耳機或其他小物等，很可能都是競相爭取你的注意力的分心事物主要源頭之一。

當然，亂堆在你辦公桌上的許多東西，很多都是你的待辦事項提醒物，例如一張有關一位潛在客戶的便條紙，你遲遲都沒有聯絡、感覺有點不安，或是某項專案的一份文件，你只要想到就壓力很大。這些桌邊雜物，不僅和待辦事項一起競爭你的注意力，也會影響你的情緒，構成威脅感。

當我們偵測到具有威脅性的東西或事件時，大腦中和此東西或情況有關的訊號便會擴大——這是大腦中的杏仁核（amygdala）部門所司掌的活動。當訊號擴大時，就會讓那些具有威脅性的東西或事件，更加攫取我們的注意力。[16]所以，把這類物品任意雜亂地堆放在工作桌上，特別有害。把東西擺在桌上作為提醒之用，或許能幫助你想起這些事，也是許多人使用的策略之一，[17]但如果你需要一個地方好好發揮工作效率，這些提醒物會使你分心想起它們，其實也是一種干擾。

如果你必須專注於一項計劃或事務時，請先整理一下雜亂堆積的文件和物品，或者你可以去找個能夠專心工作的整潔空間。堆積物品的習慣，會跟著我們到所至之處，如果能夠了解自己花了多少額外的心智能量在對抗分心事物上，或許有助於激勵各位在想要完成重要的工作之前，趕快清理一下你的工作區。

要是一想到整理和清除雜亂物品，就會令你招架不住，你可以試著乾脆把整個雜亂堆全部移到另一個地方，例如某個檔案櫃或是儲藏室裡，讓你在坐下來工作時不會看到它們。沒錯，這麼做雖然並未解決雜亂堆本身的問題，而且製造了另一個雜亂空間，但是當你需要專注在重要的工作上時，這麼做可以提高你的生產力。之後，你都可以再找一些不需要處理重要事務的時間，好好地清理一下那些雜物堆。

辦公空間寬敞一點，有助你多冒點險、展現領導自信

除了避免分心，近身工作區的擺設布置，還可能會影響我們的創新力，並影響我們展現領導能力和自信。創新需要我們冒點險、用不同方法做事，而我們在工作環境中的活動方式，可能會影響我們採取領導行動，以及為創新冒必要之險的可能性。

想像一下，你現在坐在辦公桌前舒適的椅子上，有足夠空間可以把座椅往

後推、把雙腳翹到桌面上。心理學家稱這種姿勢為豪邁、開放的身體姿勢，在美國，這種姿勢象徵掌控、主導權。

現任加州大學柏克萊分校哈斯商學院（Haas School of Business, UC Berkeley）副教授的戴娜．卡尼（Dana Carney），曾經領導哥倫比亞大學（Columbia University）和哈佛大學（Harvard University）一群研究人員進行了一項研究。結果發現，採取豪邁、開放姿勢長達兩分鐘——他們稱為「高權力姿勢」，因為人們向來透過非語言行為展現權力——就足以提高睪固酮分泌量、降低皮質醇分泌量，使人們變得對冒險感覺更自在。[18]研究也顯示，睪固酮分泌量增加、皮質醇分泌量降低，這兩種結合起來，能讓人成為更有效能的領導人。[19]更自在於冒險、展現更強的領導自信，這些特質對某些工作挑戰來說，是非常寶貴的資產。

你如何整理桌面、擁有多大的辦公空間，可能都會促進甚至鼓勵你展現豪邁、開放姿勢或舉動，激發你冒險與自信領導——雖然冒險有種種形式。在一項研究實驗中，研究人員把一些物品擺放在桌上，擺放的方式有兩種：第一種是把一些物品分散，使受測者必須大動作地移動才能夠拿得到；第二種是把另外一些物品集中擺放在受測者面前的小空間，所以只要小範圍地移動一下就能夠拿得到，和現在許多辦公室座位的配置方式相同。

研究人員發現，當受測者作出大動作——豪邁、開放姿勢——去拿分散擺放的工作材料時，也比較傾向在字謎遊戲中為自己打分數時作弊。[20]作弊當然是不可取的行為，但這是一種形式上的冒險，因此符合前述研究的發現與結論。

這項研究報告的作者群強調，冒險行為增加未必是件好事，因為某些情況會引發人們採取較負面的冒險行徑。不過，如果你從事的工作需要你更大膽一點、冒點險，以便把事情做好時，我建議各位不妨考慮一下，你的辦公空間是否能讓你作出較豪邁的姿勢。順帶一提，如果你能夠清除桌邊的雜亂堆，你的辦公空間可能就會允許更大的肢體動作。

久坐不動，容易讓你的活力和情緒低落

除了辦公空間狹小，現代辦公室工作者的另一項挑戰，就是每天經常要久坐多個小時。如同策略四討論過的，有時候，為了進入或保持於心智狀態的巔峰，我們只需要少量運動就有幫助。英國一群研究人員發現，就算只是坐著十五分鐘，也可能使我們的活力和正面情緒降低。[21]這項研究發現當然令人煩惱，因為各行各業的多數專業人士必須長時間坐著工作，尤其是在電腦螢幕前。

還好，我們現在有更多選擇了！有些人已經以跑步機辦公桌（treadmill desk），來取代他們的傳統座椅和辦公桌，那基本上就是一邊走路、一邊工作。但這樣能夠提高生產力嗎？史丹佛大學的一群研究人員發現，在跑步機上走路，或是到外面步行，都能夠增加創造力、改善作出類比的能力，[22]再度坐定之後，部分效益甚至還能持續一段時間。

當然，並非人人都能以跑步機取代自己的座椅，不過，我們都能「刻意」

增加身體活動的次數，並且整理、調整自己的工作空間，或是挑一個更容易活動身體的工作空間，找一個可以站著工作的地方，以及另一個坐著工作的地方，讓自己有機會交替不同方式活動及使用身體。

在不同的空間工作，有不同的活動允許度。有些地方可以讓你在工作時，較容易或較難每隔十五分鐘站起來走動走動。比方說，我雖然很喜歡在咖啡館看書、和朋友敘敘舊，或是偶爾做點創意性質的工作，但是每當我安排在咖啡館工作時，總是很難離開座位（及我的物品）去走動或活動一下，更別提每隔十五分鐘了。

選擇性擺放一些物品，能夠幫助你恢復精神

不論你的辦公桌面整潔與否，也不論你是否經常活動身體以提高生產力，到了一定時間之後，你總是會感覺疲倦。為了解決這個問題，你可以在自己的

工作空間裡，擺放一些特殊的物品或圖像，以幫助自己恢復心智能量。

已經有研究顯示，一些環境因素能夠幫助人們恢復精神，例如植物對注意力有助益，鳥鳴和水景有助於恢復精神，一個能讓你進行個人化布置的工作空間，能幫助你對抗與情緒耗竭有關的感覺，至於沒有太多隱私的辦公空間則容易導致情緒耗竭。[23]

你可以這樣調整工作環境，做事會更有效率

所以，你可以不時整理、調整一下你的近身工作區，以提高你經常擁有高效率工作時段的可能性：

- **清理一下辦公桌或辦公室的雜亂堆**。你可以在心智能量剩下不多、無法

做更有生產力的工作時，例如某個下午時段或傍晚時分來做這件事。如果你沒有時間做這類清理工作，就把雜亂堆移到你視線之外的地方。

- **不妨把一些物品放到桌面上較遠的角落，讓自己要動作更大一點，才能夠拿得到**。例如：辦公室電話、手機、水杯、筆等工作用具，你都可以試著這麼做。當你感覺緊繃時，可以把身體往後靠向椅背一分鐘，擴胸、向上伸展手臂一下。你甚至可以考慮買個腳凳放在辦公室，這樣可以不時抬放雙腳——做做這類「高權力姿勢」，能夠改變你的心智狀態。
- **別在辦公桌前坐太久**。我們往往過於投入工作，所以當你想要站起身時，就這麼做吧，因為頻率應該不會太過頻繁。如果你可以選擇自己的工作區域，應該選擇能讓你很容易站起來走動一下的工作區域。
- **個人化布置一下你的工作空間**。你可以考慮擺放一些植物或水景的相片或圖畫，但切記，在個人化你的工作空間時，千萬別讓你的辦公桌增添雜亂。

你如何整理、布置你的近身工作區——保持雜亂或整潔、有沒有足夠空間伸展身體、是否設置一台跑步機、是否擺放了一盆蘭花或一張海洋畫，都會影響這個環境在你需要時能否讓你展現高工作效能。

環境因素看似沒關係，真的有影響

環境對我們每個人的工作效率其實有影響，前文已經討論過我們可以加以調整的三個層面：第一個層面是我們暴露於多大程度的噪音；第二個層面是光線為明亮與冷色系，抑或昏暗與暖色系；第三個層面則是近身工作區的布置，包括辦公桌面雜亂抑或整潔、是否能讓我們伸展身體、是否能讓我們很容易站起身來活動一下，以及是否有一些有助於恢復精神的元素。

現在，我們來看看如果一開始介紹的新創公司財務長莎曼珊改變工作環境，能夠如何有利地增加自己的辦事效率。莎曼珊和我們多數人一樣，無法改變公司的辦公室設計，也改變不了辦公空間沒有什麼隱私的事實。但是，她找到一個折衷辦法：一週有幾次，當她需要腦力全開時，先去預留一間小會議室幾個小時。坐在寬敞的會議桌前，她能夠攤開資料與文件，並且擺脫噪音干擾，得以專注。

在自己的辦公桌前工作時，為了提高效能，她移走自進入這家公司後就開始堆放在桌面上的文件。她在這家公司的頭六個月很辛苦，時間過得很快，她還沒有時間把自己的工作區個人化。現在，她把家人的相片帶來公司，也帶了一幅她去夏威夷渡假時購買的寧靜海景照片來。如果有需要，她也會戴上抗噪耳機，但她絕對不聽音樂，只有在處理例行事務時才會聽一下。

雖然莎曼珊的工作區和她公司的開放式辦公空間設計，並不適合做需要高度專注的工作，但能夠促進同事們通力合作。藉由調整工作環境以提高專注力、避免自己受到干擾，莎曼珊在兩種境界都漸入佳境：一方面，她能夠在需要時退避到清靜的地方專心工作；另一方面，她能夠在開放式辦公空間和同事們密切合作。

我把這項策略留在最後一個，是因為它可以作為本書所有其他策略的工具，卻可能也是一種阻礙。利用你一整天的決定點，策略性地安排各項事務的執行順序，管理你的心智能量、移除分心事物，學習更有效能地讓心思漫遊，透過運動和飲食來提高你的生產力，這些全都可以藉由你的工作環境來促進。

你的工作空間將影響你有多常被干擾，這使你需要規劃如何處理這些干擾所創造的決定點。你的工作空間也會左右你花多少心智能量在自我控制上，以及每天可能會出現什麼情緒開關。除了被打斷的問題外，你的工作空間也可能暗藏著許多分心陷阱，或是比較少有這類陷阱——一切看你如何整理、布置自己的工作環境。此外，在你的辦公空間內，是否有或者靠近一個可以輕快步行或運動的地方，也將左右你是否能找到方法在工作天中進行一點運動。前述這些，都會影響到你的工作效率。

所以，今天就花點時間檢視你的工作環境，看看它是否有益於你創造每天高效率的兩個小時。

結語
運用策略，開始享受工作與生活

很少人不抱怨工作總是做不完，我們全都被工作和生活的各種需求壓得喘不過氣來。到目前為止，大多數人對這種壓力所採取的因應對策，是設法變得更有效率：我要如何減少效率低落的時間？我要如何讓部屬每週投入更多小時在工作上？我要如何快速地轉換處理各項事務，甚至同時做許多工作，一點時間都不要浪費？

其實，這些方法都放錯焦點了。這樣要求機器和電腦的效能表現可以，但科學顯示，人類不是有生命的電腦，我們的大腦和身體是根據生物需求而運作，衡量人類表現的指標應該是做事的成果，不是投入多少又多少的時間、做完一件接著一件的事。

在適當的條件與狀態下，我們的大腦可以變得非常有效率，但反之則不然。本書分享了諸多神經科學和心理學的研究，告訴我們那些「適當」的條件與狀態是什麼，我們可以如何讓自己展現高效能的心智表現。

看完這本書，我希望你不再想盡辦法要在一天當中擠出更多時間工作，而是懂得調整一些做法，讓自己每天都能有穩定高工作成效的時段，留一點時間來品味生活、從容過日子。從食物、運動、工作進行的時刻，到屬於何種認知類型的事務等，我希望你的活動和環境規劃，能夠幫助你創造每天做事卓有成效的幾個小時，完成當日最重要的工作。請立刻開始運用本書建議的每一項策略，我希望它們確實幫助你的工作表現更好、生活更有品質。

策略1：辨識每個決定點

完成一件事務的那一刻，是一個珍貴的機會點，你可以決定接下來該處理哪一項事務。這看似簡單，但學習如何辨識並利用一天當中的少數決定點，將會大幅改變你的工作成效與上班一整天後的心情。

你可能經常沒有多想就花上多個小時在不重要的工作上，一旦投入於一項事務中，你的大腦往往就切換成自動駕駛模式，導致你很容易持續做這件事，直到結束或某人、某件事物打斷你。如果你正在回覆電子郵件，你的大腦便進入處理電子郵件的狀態，你可能會沉浸在這種狀態中，一封接一封地回信。

結果，你原本也許只是打算投入一個小時回信，然後去做那件很重要、一定得在午餐之前開始做的工作。但是，一個小時過去了，不小心又過了一個小時，你持續蒐集相關資料、回覆電子郵件，等到三個小時後，你可能對自己說：「好，我再回完這一封，就去做那件重要的工作。」

當你的大腦進入自動模式時，你對周遭的覺察力就會降低，時間變得很快流逝。因此，一天當中的決定點非常珍貴，你能夠在這些時刻脫離自動模式的狀態，決定接下來要如何運用時間。以往，在多數時候，你可能會匆匆略過這些時刻，隨便抓一件當下看起來最權宜或最急迫的事來做。其實，你可以、也應該要後退一步，考慮接下來「值得」先做哪件事，哪些事看起來好像很急，卻不適合在此時先處理。

你可以學習辨識這些決定點，並且珍惜、善用它們，只要花幾分鐘的時間想一下，直到你想起要先處理哪件真正重要的事務。在這些決定點，你可以思考剩餘時間和你當下的心智能量最適合做什麼事。比較不重要的工作還是得花時間做，你可以利用每個決定點安排要做哪項事務。

策略2：管理心智能量

時間管理並非只是規劃時間與行程而已，請記得這一點：不是所有小時都相同，大腦會疲勞，需要休息以復元，因此完成一件工作的最好方法，不是設法在行事曆或表單上找到時間去做它，而是在你具有適合的心智能量狀態時處理它。

你做的許多事務都會消耗你的能量和腦力，有些事會讓你感覺精疲力竭，有些事則會引發你的強烈情緒。這不是什麼壞事，只是你的心智對周遭世界的反應，但你值得去密切注意這些，以便能對自己的心智能量作出最佳使用。了解哪些類型的事務最可能導致心智疲勞，以及當天可能出現怎樣的情緒，你就能作出明智的決定，選擇在何時做什麼事，以及何時該花時間來調整你的情緒。

在你最需要發揮能力、好好表現一下時（例如進行一場簡報或出席重要會議等），做一連串不重要、但必須耗費大腦執行功能的事務，會導致你心智疲勞，這是非常不智之舉。你可以做兩件事：看看你有什麼待辦事務、規劃一下時間，選擇在心智能量巔峰的時段，做需要你發揮最佳能力的事，策略性地選擇在此之前不去做會顯著消耗腦力的事。如此管理你的心智能量，能夠讓你做起事來更有成效。

策略3：停止對抗分心

我們雖然都知道專注很重要，但關於注意力的運作方式，我們有一些了解與概念是錯誤的。例如，我們經常使用「聚焦」來形容，但如果把聚光燈照射在一點之上後，它就會固定在那點上，但我們的注意力神經機制卻完全不是這麼運作的。

人類的注意力系統天生會經常刷新，隨時敏捷地發現環境中的新鮮事物，以幫助我們應付持續變化的世界。所以，當你強迫自己要保持專注時，不免會變得非常沮喪，因為你的注意力不禁會游移到別的事物上。

此時，為了重新專注，你需要做的，可能正是讓你的心思漫遊。讓它漫遊一下，通常你的心思很快就會重返手邊事務，遠快於你先去做別的事再重回原事務。如果你分心去瀏覽體育新聞或查看社群媒體網站，往往會使你分心半個小時或更長的時間。相較之下，凝視窗外景物，大概不用多久，你就會從白日夢中回神，再度專注於你手邊的事務。而且，在這幾分鐘的心思漫遊中，你的大腦執行了一些重要的認知過程。

策略4：善用身心關連性

感覺就快要滅頂、喘不過氣來是一種情緒，而情緒並非只在你的腦袋裡，也和你的身體狀態高度有關。當你意識到要做的事遠超過自己所能夠負荷時，通常也會伴隨出現一些身體上的感覺，例如胃部不適等，這是因為你的身體和心智密切、複雜地交互作用。

從這個角度來看，運動可以減輕焦慮、提振情緒與幫助認知功能，而且還是一種可靠的方法，或許也就不那麼令人訝異了。不過，你不需要過度運動；事實上，當運動是為了立即產生心智益處時，最好別做過多或過於激烈的運動，適量、溫和的運動比較理想。

同理，你可以選擇吃適當的食物，保持體內水分，喝一點含咖啡因的飲料，幫助自己進入可以高效能做重要事務的狀態。少量多餐，經常補充水分，不攝取過量的咖啡因，這些都有助於使你進入最佳的狀態中。

你如何對待自己的身體，也會顯著影響你的心智表現。在你不需要處理重要事務時，可以隨心所欲略過運動，吃你想吃的東西；但是，當你需要處理重要事務時，正確的運動和飲食，能夠幫助你在接下來的幾小時內進入最佳的心智狀態。

策略5：打造最有益的工作環境

在適當的環境中工作，能讓你的大腦擁有較好的表現。你的工作環境，以種種超乎你所能想像的方式影響你的工作表現，也影響你有效使用時間的可能性。

噪音令人難以專注，在這個盛行開放式辦公空間設計和小辦公隔間的年代，噪音充斥是預料中的現象。工作場所的光線明亮度與色度，也會明顯影響你的心智機敏度與創造力的表現。至於你的近身工作區可能令你較容易恢復精神或分心，以及你的辦公空間是否令你很難活動一下等，甚至可能會影響你是否願意多冒點險。雖然我們往往無法改變自己的工作環境，但還是有很多小方法，可以微調一下環境因素，使你的工作環境有助於、而非妨礙你的生產力。

這五項策略之所以有效，不只是因為簡單、容易實行，也因為它們順應人類生物的自然運作。科技不斷進步，可能繼續使我們每天都得處理更多事務；現代的工作文化，可能繼續逼迫我們追求更高效率，步步都得全力以赴；愈來愈多的原因和大量需求，可能繼續使我們感覺快喘不過氣來。伴隨這種型態的加劇，我相信，了解人類身心的最佳運作方式，將會變得愈重要，因為這些了解有助於我們適應整個環境，並在這種嚴苛的環境下有機會出頭、獲致成功。

我在這本書所分享的五項策略，是用來應付我認為在現代的工商社會中，快速的工作文化所帶給我們的最大挑戰：一種做再多都不夠、還有很多事還沒做的窒息感。藉由學習人類的運作方式，了解如何發揮最大效率進行工作，我們全都能更體恤自己與同事的辛苦付出，並且學會真正駕馭工作，掌控自己的生活。

謝辭

本書是在許多人的指導和支持下寫就。海蒂．格蘭特．海爾沃森（Heidi Grant Halvorson）引介我和我的經紀人吉爾斯．安德森（Giles Anderson）認識時，播下了長成本書的種子。從構想到尋找合適的出版商，吉爾斯一路伴隨我，鼓勵我相信自己，繼續快速前進。

我的編輯姬諾薇娃．羅沙（Genoveva Llosa），以穩定之手和銳利之眼洞悉並抓住我想分享的東西，幫助我更有效地傳達。她教我如何雕琢這些訊息，以有意義且適當的方式，傳達給我們的讀者。姬諾薇娃和她的編輯助理漢娜．李維拉（Hannah Rivera）、我的製程專員諾爾・克里斯曼（Noël Chrisman）、我的文稿編輯黛安娜・史特皮（Dianna Stirpe），幫助我催生出遠優於我獨力所能寫出的文稿。

TheBookDesigners 幫我設計的英文版封面，強而有力地捕捉這本書想傳達的訊息與希望。我的行銷負責人珍妮佛・詹森（Jennifer Jensen）、宣傳人員蘇珊・威克罕（Suzanne Wickham），以及 HarperOne 和 HarperCollins 的行銷、公關、執行、國際、翻譯、製作、影音等團隊，能夠相信並支持這本書的潛力。

大衛・洛克（David Rock）與麗莎・洛克（Lisa Rock）幫助我更了解商業世界，並且提供珍貴的鼓勵。史帝夫・李茲（Steve Leeds）和瑞秋・赫特（Rachel Hott）對我提供慷慨的指導和重要機會，幫助我發展我的概念。蕭珍妮（Jenny Xiao）和彼得・曼迪西勒奇（Peter Mendi-Siedlecki）在查證科學研究和事實方面，提供了卓越的協助。

我要感謝我所有的親友、同事和工作關係人。當我和他們討論此書時，大家都展現出熱忱，使我對本書投入更多幹勁。我哥哥肯尼．戴維斯（Kenny Davis）的指引，使我對訊息發送獲得更寶貴的洞察。我父母蘇珊．戴維斯（Susan Davis）及唐恩．戴維斯（Don Davis），在我構思本書的概念架構時，提供了莫大的幫助。我太太丹妮拉是驅動我的引擎，在每個階段，她不僅看出我的需求，並且無私地提供了各種協助，包括意見反饋、激勵、自由、同理心及愛，使本書的撰寫工作不僅變得更容易，也更有趣。

我很幸運，能夠擁有一支傑出的團隊，使我得以寫出這本書。我相信，本書能夠幫助許多人更了解自己，學會應付工作與生活中時常感覺快要令人招架不住的各種壓力。

注釋

前言

1 Benjamin Franklin, "Autobiography of Benjamin Franklin," public domain (published January 1, 1790), https://itun.es/us/xZiNx.l.

2 Benjamin Franklin, "I Sing My Plain Country Joan, 1742," Founders Online, National Archives, last modified December 1, 2014, http://founders.archives.gov/documents/Franklin/01-02-02-0087.

3 "Benjamin Franklin," Biography.com, www.biography.com/people/benjamin-franklin-9301234.

4 關於「體現認知」的更完整定義，參見下列期刊論文的前言部分：Joshua I. Davis and Arthur B. Markman, "Embodied Cognition as a Practical Paradigm: Introduction to the Topic, the Future of Embodied Cognition," *Topics in Cognitive Science* 4, no. 4 (2012): 685-91。有關「體現認知」的探討論文及其他參考文獻，可造訪網站 www.embodiedmind.org.

5 Dana R. Carney, Amy J. Cuddy, and Andy J. Yap, "Power Posing: Brief Nonverbal Displays Affect Neuroendocrine Levels and Risk Tolerance," *Psychological Science* 21, no. 10 (2010): 1363-68; Pranjal H. Mehta and R. A. Josephs, "Testosterone and Cortisol Jointly Regulate Dominance: Evidence for a Dual-Hormone Hypothesis," *Hormones and Behavior* 58 (2010): 898-906.

6 Jesse Chandler and Norbert Schwarz, "How Extending Your Middle Finger Affects Your Perception of Others: Learned Movements Influence Concept Accessibility," *Journal of Experimental Social Psychology* 45, no. 1 (January 2009): 123-28.

7 Josh Davis, Maite Balda, David Rock, Paul McGinniss, and Lila Davachi, "The Science of Making Learning Stick: An Update to the AGES Model," *NeuroLeadership Journal*

5 (2014). 必須一提的是，這個有關學習的例子，並非所有探討「體現認知」的研究者，都會把它列為「體現認知」的例子。我刻意在此談論這個例子，是想幫助讀者看到這類神經科學研究顯示，人體的運作方式不同於電腦或機器的運作方式。

策略1

1 Charles Duhigg, *The Power of Habit: Why We Do What We Do and How to Change* (New York: Random House, 2013).

2 Susan T. Fiske and Shelley E. Taylor, *Social Cognition: From Brains to Culture* (Thousand Oaks, CA: Sage Publications, 2013).

3 "Trance," Merriam-Webster online, retrieved September 14, 2014, www.merriam-webster.com/dictionary/trance.

4 Ezequiel Morsella, "The Function of Phenomenal States: Supramodular Interaction

Theory," *Psychological Review* 112, no. 4 (2005): 1000-21. 這項研究原本是 Morsella 在耶魯大學時（Yale University）發表的，後來他在舊金山州立大學（San Francisco State University）成立了他的實驗室研究團隊。

5 John G. Kerns et al., "Anterior Cingulate Conflict Monitoring and Adjustments in Control," *Science* 303, no. 5660 (2004): 1023-26; and Matthew M. Botvinick, Jonathan D. Cohen, and Cameron S. Carter, "Conflict Monitoring and Anterior Cingulate Cortex: An Update," *Trends in Cognitive Sciences* 8, no. 12 (2004): 539-46.

6 Naomi I. Eisenberger and Matthew D. Lieberman, "Why Rejection Hurts: A Common Neural Alarm System for Physical and Social Pain," *Trends in Cognitive Sciences* 8, no. 7 (2004): 294-300.

7 Kathleen D. Vohs and Brandon J. Schmeichel, "Self-Regulation and Extended Now: Controlling the Self Alters the Subjective Experience of Time," *Journal of Personality and Social Psychology* 85, no. 2 (2003): 217-30.

8 Stephen Covey, *The Seven Habits of Highly Effective People* (New York: Free Press, 1989).

9 為了重新想起當天的重要事務，班傑明・富蘭克林每天早上自問：「我今天應該做什麼有益之事？」我不知道每天的後面時間，他是否也會再花片刻時間來思考這點，但我認為他的這個做法類似於我在此提出的建議。參見 Benjamin Franklin, "Autobiography of Benjamin Franklin," public domain (published January 1, 1790), https://itun.es/us/xZiNx.l.

10 Nira Liberman and Yaacov Trope, "The Psychology of Transcending the Here and Now," *Science* 322, no. 5905 (2008): 1201-5.

11 Gal Zauberman et al., "Discounting Time and Time Discounting: Subjective Time Perception and Intertemporal Preferences," *Journal of Marketing Research* 46, no. 4 (2009): 543-56.

12 Aleksandra Luszczynska, Anna Sobczyk, and Charles Abraham, "Planning to Lose Weight: Randomized Controlled Trial of an Implementation Intention Prompt to Enhance Weight Reduction Among Overweight and Obese Women," *Health Psychology* 26, no. 4 (2007): 507-12.

13 Thomas L. Webb et al., "Effective Regulation of Affect: An Action Control Perspective

on Emotion Regulation," *European Review of Social Psychology* 23, no. 1 (2012): 143-86.

14 Janine Chapman, Christopher J. Armitage, and Paul Norman, "Comparing Implementation Intention Interventions in Relation to Young Adults' Intake of Fruit and Vegetables," *Psychology and Health* 24, no. 3 (2009): 317-32.

15 Peter M. Gollwitzer, "Implementation Intentions: Strong Effects of Simple Plans," *American Psychologist* 54, no. 7 (1999): 493-503; and Peter M. Gollwitzer and Paschal Sheeran, "Implementation Intentions and Goal Achievement: A Meta-Analysis of Effects and Processes," *Advances in Experimental Social Psychology* 38 (2006): 69-119.

16 Michael L. Anderson, "Neural Reuse: A Fundamental Organizational Principle of the Brain," *Behavioral and Brain Sciences* 33, no. 04 (2010): 245-66; and Michael L. Anderson, Michael J. Richardson, and Anthony Chemero, "Eroding the Boundaries of Cognition: Implications of Embodiment," *Topics in Cognitive Science* 4, no. 4 (2012): 717-30.

17 M. Brouziyne and C. Molinaro, "Mental Imagery Combined with Physical Practice of Approach Shots for Golf Beginners," *Perceptual and Motor Skills* 101, no. 1 (2005): 203-11.

18 Sonal Arora et al., "Mental Practice Enhances Surgical Technical Skills: A Randomized Controlled Study," *Annals of Surgery* 253, no. 2 (2011): 265-70.

19 Mike Knudstrup, Sharon L. Segrest, and Amy E. Hurley, "The Use of Mental Imagery in the Simulated Employment Interview Situation," *Journal of Managerial Psychology* 18, no. 6 (2003): 573-91.

20 Vinoth K. Ranganathan et al., "From Mental Power to Muscle Power—Gaining Strength by Using the Mind," *Neuropsychologia* 42, no. 7 (2004): 944-56.

策略2

1 Elliot T. Berkman and Jordan S. Miller-Ziegler, "Imaging Depletion: fMRI Provides New Insights into the Processes Underlying Ego Depletion," *Social Cognitive and Af-*

fective Neuroscience 8, no. 4 (2012): 359-61; and Michael Inzlicht and Brandon J. Schmeichel, "What Is Ego Depletion? Toward a Mechanistic Revision of the Resource Model of Self-Control," *Perspectives on Psychological Science* 7, no. 5 (2012): 450-63.

2 Jessica R. Cohen and Matthew D. Lieberman, "The Common Neural Basis of Exerting Self-Control in Multiple Domains," in *Self Control in Society, Mind, and Brain,* ed. Ran R. Hassin, Kevin N. Ochsner, and Yaacov Trope (New York: Oxford University Press, 2010), 141-60; Matthew D. Lieberman, "The Brain's Braking System (and How to 'Use Your Words' to Tap into It)," *NeuroLeadership Journal* 2 (2009): 9-14; Elliot T. Berkman, Lisa Burklund, and Matthew D. Lieberman, "Inhibitory Spillover: Intentional Motor Inhibition Produces Incidental Limbic Inhibition via Right Inferior Frontal Cortex," *Neuroimage* 47, no. 2 (2009): 705-12; and Michael Inzlicht, Elliot Berkman, and Nathaniel Elkins-Brown, "The Neuroscience of 'Ego Depletion' or: How the Brain Can Help Us Understand Why Self-Control Seems Limited," in *Social Neuroscience: Biological Approaches to Social Psychology*, ed. Eddie Harmon-Jones and Michael Inzlicht (New York: Psychology Press, 2015). Inzlicht、Berkman 及 Elkins-Brown 等

人的研究指出，各種自我控制行為需要仰賴大腦的幾個區域，例如克制行為特別倚重正中前額葉皮層。對自我控制這個主題的神經科學感興趣的讀者，可以閱讀前述 *Social Neuroscience* 一書中收錄這些研究人員撰述的專章。

3 Inzlicht、Berkman 和 Elkins-Brown 指出（參見前條注釋），這意味的是，在自我控制功能運作一段時間後，執行此功能的大腦區域就不再那麼投入了，因為我們失去繼續做此活動的動力。不過，他們回顧其他研究顯示，若有足夠的誘因，例如提供各種獎勵，或是相信我們可以支撐下去的信念等，我們的大腦能夠在我們需要時，持續發揮自我控制功能很長的時間。至於到底能夠持續多長？無法確知。

4 運用我們的意志力說不——例如抗拒吃甜甜圈等——的另一種方法是，你可以設法在一開始時，就避免將甜甜圈列入考慮的對象，這樣就不需要運用自制力去說不了。下列是方法之一：在考慮吃什麼之前，思考吃怎樣的早餐可以使你一整個早上都處於感覺良好的狀態。吃甜甜圈只會讓你感覺良好幾分鐘，但是在接下來的幾個小時內，你會感到疲倦或飢餓。這種思考框架，可以讓你既能避開甜甜圈，又不需要使用你的自制力，因為甜甜圈根本不能列入此框架中。我將在策略四中，對這種思考食物的方式作出更多討論。

5 Roy F. Baumeister and John Tierney, *Willpower: Rediscovering the Greatest Human Strength* (New York: Penguin, 2011), 99.

6 Kathleen D. Vohs et al., “Making Choices Impairs Subsequent Self-Control: A Limited-Resource Account of Decision Making, Self-Regulation, and Active Initiative,” *Journal of Personality and Social Psychology* 94, no. 5 (2008): 883-98.

7 Shaheem Reid, with additional reporting by Sway Calloway, “All Eyes on Beyoncé,” MTV.com, www.mtv.com/bands/b/beyonce/news_feature_081406/.

8 Eddie Harmon-Jones et al., “The Effect of Personal Relevance and Approach-Related Action Expectation on Relative Left Frontal Cortical Activity,” *Psychological Science* 17, no. 5 (2006): 434-40.

9 這些有關悲傷情緒作用力的研究發現，參見：Joseph P. Forgas, “Don’t Worry, Be Sad! On the Cognitive, Motivational, and Interpersonal Benefits of Negative Mood,” *Current Directions in Psychological Science* 22, no. 3 (2013): 225-32.

10 Matthijs Baas, Carsten K. W. De Dreu, and Bernard A. Nijstad, “A Meta-Analysis of 25

Years of Mood-Creativity Research: Hedonic Tone, Activation, or Regulatory Focus?" *Psychological Bulletin* 134, no. 6 (2008): 779-806.

11 Maya Tamir, "Don't Worry, Be Happy? Neuroticism, Trait-Consistent Affect Regulation, and Performance," *Journal of Personality and Social Psychology* 89, no. 3 (2005): 449-61. 此研究指出，這種作用在其研究樣本中最神經質的人身上最為明顯。

12 Karuna Subramaniam et al., "A Brain Mechanism for Facilitation of Insight by Positive Affect," *Journal of Cognitive Neuroscience* 21, no. 3 (2009): 415-32.

13 Baas, De Dreu, and Nijstad, "A Meta-Analysis of 25 Years," 779-806; and Alice M. Isen, Kimberly A. Daubman, and Gary P. Nowicki, "Positive Affect Facilitates Creative Problem Solving," *Journal of Personality and Social Psychology* 52, no. 6 (1987): 1122-31. Baas, De Dreu 和 Nijstad 的這篇研究論文中指出，趨近導向且較積極性質的正面情緒有助於創造力，其他正面情緒如冷靜或放鬆則可能未必有助於創造力。

14 Suzanne K. Vosburg, "The Effects of Positive and Negative Mood on Divergent-

Thinking Performance," *Creativity Research Journal* 11, no. 2 (1998): 165-72; and Norbert Schwarz, Herbert Bless, and Gerd Bohner, "Mood and Persuasion: Affective States Influence the Processing of Persuasive Communications," *Advances in Experimental Social Psychology* 24 (1991): 161-99. 正面情緒可能使人較容易感到「滿意」，例如對一個只是夠好的決策、解決方案或答案感到合意，不會逼迫追求理想或完美。有趣的是，前面注釋中提到的一些研究，發現正面情緒有助於創造力，但 Vosburg 指出，至少在一些特殊的情況下，正面情緒可能不會增進創造力，例如在要求一個理想或最佳創意解方時。

15 Guido Hertel et al., "Mood Effects on Cooperation in Small Groups: Does Positive Mood Simply Lead to More Cooperation?" *Cognition and Emotion* 14, no. 4 (2000): 441-72.

16 Joseph P. Forgas, "On Feeling Good and Getting Your Way: Mood Effects on Negotiator Cognition and Bargaining Strategies," *Journal of Personality and Social Psychology* 74, no. 3 (1998): 565-77.

17 Martin E. P. Seligman and Mihaly Csikszentmihalyi, "Positive Psychology: An

Introduction," *American Psychologist* 55, no. 1 (2000): 5-14. 在閱讀研究報告時，較難明確看出哪些正面情緒具有什麼作用，反觀哪些負面情緒具有什麼作用，則是比較明確。一些研究報告明確指出幸福、趣味、滿足、合意、自豪等情緒，但多數的研究報告只是概括性地使用「正面情緒」一詞。我猜想，這是因為研究人員在研究負面情緒方面投入較多心力。但不論原因為何，我認為，現階段比較審慎的結論是：幸福、快樂、開心、趣味、好心情之類的正面情緒具有這些作用。

18 一些研究人員區分情緒（emotion）和心情（mood），他們說，情緒的持續期間較短，也和明確的原因有關；心情的持續期間較長，未必明確地和特定原因有關。我在本書交替使用這兩個名詞，因為就我的最佳知識與理解，不論情緒或心情持續的期間長短、是什麼原因導致的，我敘述的作用應該都很相似。

19 Martin P. Paulus, "The Breathing Conundrum—Interoceptive Sensitivity and Anxiety," *Depression and Anxiety* 30, no. 4 (2013): 315-20; and A. D. Craig, "Interoception: The Sense of the Physiological Condition of the Body," *Current Opinion in Neurobiology* 13, no. 4 (2003): 500-5.

20 F. A. Bainbridge, "The Relation Between Respiration and the Pulse-Rate," *Journal of*

Physiology 54, no. 3 (1920): 192-202.

21 Dianne M. Tice et al., "Restoring the Self: Positive Affect Helps Improve Self-Regulation Following Ego Depletion," *Journal of Experimental Social Psychology* 43, no. 3 (2007): 379-84.

22 Amber Brooks and Leon Lack, "A Brief Afternoon Nap Following Nocturnal Sleep Restriction: Which Nap Duration Is Most Recuperative?" *Sleep* 29, no. 6 (2006): 831-40. 這項研究調查人們在睡眠不足後打個盹的效果。當然，你未必總是在睡眠不足的情況下工作，但若是你前一晚睡眠不足，小睡一下的助益遠超過你的想像。

策略 3

1 M. I. Posner, "Attention: The Mechanisms of Consciousness," *Proceedings of the National Academy of Sciences* 91, no. 16 (1994): 7398-403.

2 關於習慣化（habituation）的研究，參見下列文獻回顧：Christian Balkenius,

"Attention, Habituation, and Conditioning: Toward a Computational Model," *Cognitive Science Quarterly* 1, no. 2 (2000): 171-204.

3 有些讀者可能會納悶，照這麼說，我們又怎能長時間專注在一本好書或打電動上呢？這應該是因為書本或電玩內容中，有足夠的新鮮事物或懸疑性，能夠不斷地抓住我們的注意力。所以，書籍或電玩遊戲的創作者，可能是利用了我們的注意力喜愛尋找分心事物的事實，提供源源不絕的新奇或懸疑情節。

4 Daniel M. Wegner et al., "Paradoxical Effects of Thought Suppression," *Journal of Personality and Social Psychology* 53, no. 1 (1987): 5-13. 這個主題的原始研究使用白熊為例，因此我在此以北極熊為例，以示對原始研究的尊重。

5 Allan M. Collins and Elizabeth F. Loftus, "A Spreading-Activation Theory of Semantic Processing," *Psychological Review* 82, no. 6 (1975): 407-28.

6 多數人能夠持續專注在一項事務上多長時間？科學研究文獻未能提供很多答案，原因不明，有可能是因為這高度取決於事務性質和環境等各種因素。

7 Elizabeth R. Valentine and Philip L. G. Sweet, "Meditation and Attention: A Comparison of the Effects of Concentrative and Mindfulness Meditation on Sustained

Attention," *Mental Health, Religion, and Culture* 2, no. 1 (1999): 59-70. 此研究發現，在那些經常練習靜坐的人當中，練習「覺知式靜坐」（mindfulness meditation）者的持續專注力，優於練習「聚焦式靜坐」（concentrative meditation）的人。

8 Jonathan Smallwood and Jessica Andrews-Hanna, "Not All Minds That Wander Are Lost: The Importance of a Balanced Perspective on the Mind-Wandering State," *Frontiers in Psychology* 4 (2013): 441.

9 Benjamin Baird et al., "Inspired by Distraction: Mind Wandering Facilitates Creative Incubation," *Psychological Science* 23, no. 10 (2012): 1117-22.

10 Benjamin Baird, Jonathan Smallwood, and Jonathan W. Schooler, "Back to the Future: Autobiographical Planning and the Functionality of Mind-Wandering," *Consciousness and Cognition* 20, no. 4 (2011): 1604-11.

11 Jonathan Smallwood, Louise Nind, and Rory C. O'Connor, "When Is Your Head At? An Exploration of the Factors Associated with the Temporal Focus of the Wandering Mind," *Consciousness and Cognition* 18, no. 1 (2009): 118-25.

12 Jon Kabat-Zinn, "An Outpatient Program in Behavioral Medicine for Chronic Pain

Patients Based on the Practice of Mindfulness Meditation: Theoretical Considerations and Preliminary Results," *General Hospital Psychiatry* 4, no. 1 (1982): 33-47; and Jon Kabat-Zinn, *Full Catastrophe Living (Revised Edition): Using the Wisdom of Your Body and Mind to Face Stress, Pain, and Illness* (New York: Random House, 2013).

13 Maryanna D. Klatt, Janet Buckworth, and William B. Malarkey, "Effects of Low-Dose Mindfulness-Based Stress Reduction (MBSR-LD) on Working Adults," *Health, Education, and Behavior* 36, no. 3 (2009): 601-14.

14 Philippe R. Goldin and James J. Gross, "Effects of Mindfulness-Based Stress Reduction (MBSR) on Emotion Regulation in Social Anxiety Disorder," *Emotion* 10, no. 1 (2010): 83-91.

15 Linda E. Carlson and Sheila N. Garland, "Impact of Mindfulness-Based Stress Reduction (MBSR) on Sleep, Mood, Stress, and Fatigue Symptoms in Cancer Outpatients," *International Journal of Behavioral Medicine* 12, no. 4 (2005): 278-85.

16 Scott R. Bishop et al., "Mindfulness: A Proposed Operational Definition," *Clinical Psychology: Science and Practice* 11, no. 3 (2004): 230-41. 這篇文章（第一三二頁）如

此描述「覺知」(mindfulness)：「第一項要素是自我調節注意力，使它保持在當下的感受，從而增強對當下心智活動或狀態的認知。第二項要素是對當下的感受，採取好奇、開放與接受的態度。」

策略4

1 Andy Clark, *Being There: Putting Brain, Body, and World Together Again* (Cambridge, MA: MIT Press, 1997); Antonio Damasio, *Descartes' Error: Emotion, Reason, and the Human Brain* (New York: HarperCollins, 1994); and George Lakoff and Mark Johnson, *Philosophy in the Flesh: The Embodied Mind and Its Challenge to Western Thought* (New York: Basic Books, 1999). 如今，身心密切相關且相互影響的觀念，對許多人而言是一種直覺知識，但在哲學圈，這或許是一個更具革命性的觀念。閱讀有關這個主題的文獻，可以明顯看出，多數人恐怕都抱持了大量未經檢驗的假說，這些假說隱含地相信我們的心智和身體相當獨立地各自運作。我認為，這些假說

影響了我們認為哪些活動（例如運動）值不值得做的看法。

2 Stanley Schachter and Jerome E. Singer, "Cognitive, Social, and Physiological Determinants of Emotional State," *Psychological Review* 69, no. 5 (1962): 379-99.

3 Nelson Mandela, *Long Walk to Freedom: The Autobiography of Nelson Mandela* (New York: Little, Brown and Company, 1994), 490.

4 Lot Verburgh et al., "Physical Exercise and Executive Functions in Preadolescent Children, Adolescents, and Young Adults: A Meta-Analysis," *British Journal of Sports Medicine* 48, no. 12 (2014): 973-79.

5 Shannan E. Gormley et al., "Effect of Intensity of Aerobic Training on VO2max," *Medicine and Science in Sports and Exercise* 40, no. 7 (2008): 1336-43.

6 Hiroki Yanagisawa, Ippeita Dan, Daisuke Tsuzuki, Morimasa Kato, Masako Okamoto, Yasushi Kyutoku, and Hideaki Soya, "Acute Moderate Exercise Elicits Increased Dorsolateral Prefrontal Activation and Improves Cognitive Performance with Stroop Test," *Neuroimage* 50, no. 4 (2010): 1702-10.

7 Kevin C. O'Leary et al., "The Effects of Single Bouts of Aerobic Exercise, Exergaming,

and Videogame Play on Cognitive Control," *Clinical Neurophysiology* 122, no. 8 (2011): 1518-25.

8 Berit Inkster and Brian M. Frier, "The Effects of Acute Hypoglycaemia on Cognitive Function in Type 1 Diabetes," *British Journal of Diabetes and Vascular Disease* 12, no. 5 (2012): 221-26.

9 Franciele R. Figueira et al., "Aerobic and Combined Exercise Sessions Reduce Glucose Variability in Type 2 Diabetes: Crossover Randomized Trial," *PLoS ONE* 8, no. 3 (2013): e57733.

10 Steven J. Petruzzello et al., "A Meta-Analysis on the Anxiety-Reducing Effects of Acute and Chronic Exercise: Outcomes and Mechanisms," *Sports Medicine* 11, no. 3 (1991): 143-82.

11 Eli Puterman et al., "The Power of Exercise: Buffering the Effect of Chronic Stress on Telomere Length," *PLoS ONE* 5, no. 5 (2010): e10837.

12 Justy Reed and Deniz S. Ones, "The Effect of Acute Aerobic Exercise on Positive Activated Affect: A Meta-Analysis," *Psychology of Sport and Exercise* 7, no. 5 (2006):

477-514.

13 Reed and Ones, "The Effect of Acute Aerobic Exercise," 477-514.

14 Bryan D. Loy, Patrick J. O'Connor, and Rodney K. Dishman, "The Effect of a Single Bout of Exercise on Energy and Fatigue States: A Systematic Review and Meta-Analysis," *Fatigue: Biomedicine, Health and Behavior* 1, no. 4 (2013): 223-42.

15 Alexa Hoyland, Clare L. Lawton, and Louise Dye, "Acute Effects of Macronutrient Manipulations on Cognitive Test Performance in Healthy Young Adults: A Systematic Research Review," *Neuroscience and Biobehavioral Reviews* 32, no. 1 (2008): 72-85.

16 Edward Leigh Gibson, "Effects of Energy and Macronutrient Intake on Cognitive Function Through the Lifespan," *Proceedings of the Latvian Academy of Sciences, Section B, Natural, Exact, and Applied Sciences* 67, nos. 4-5 (2013): 303-447.

17 Karina Fischer et al., "Cognitive Performance and Its Relationship with Postprandial Metabolic Changes After Ingestion of Different Macronutrients in the Morning," *British Journal of Nutrition* 85, no. 03 (2001): 393-405.

18 Gibson, "Effects of Energy and Macronutrient Intake," 303-447.

19 David Benton, "Carbohydrates and the Cognitive Performance of Children," Carbohydrate News, Canadian Sugar Institute Nutrition Information Service, 2012, www.sugar.ca/SUGAR/media/Sugar-Main/PDFs/CarbNews2012_ENG-qxp_FINAL.pdf.

20 Hayley Young and David Benton, "The Glycemic Load of Meals, Cognition, and Mood in Middle and Older Aged Adults with Differences in Glucose Tolerance: A Randomized Trial," *e-SPEN Journal* 9, no. 4 (2014): e147-54.

21 Simon B. Cooper et al., "Breakfast Glycaemic Index and Cognitive Function in Adolescent School Children," *British Journal of Nutrition* 107, no. 12 (2012): 1823-32.

22 Paul Hewlett, Andrew Smith, and Eva Lucas, "Grazing, Cognitive Performance, and Mood," *Appetite* 52, no. 1 (2009): 245-48.

23 Dale A. Schoeller, "Changes in Total Body Water with Age," *American Journal of Clinical Nutrition* 50, no. 5 (November 1, 1989): 1176-81.

24 Ana Adan, "Cognitive Performance and Dehydration," *Journal of the American College of Nutrition* 31, no. 2 (2012): 71-78.

25 Lawrence E. Armstrong et al., "Mild Dehydration Affects Mood in Healthy Young Women," *Journal of Nutrition* 142, no. 2 (2012): 382-88.

26 Natalie A. Masento et al., "Effects of Hydration Status on Cognitive Performance and Mood," *British Journal of Nutrition* 111, no. 10 (2014): 1841-52.

27 Melanie A. Heckman, Jorge Weil, and Elvira Gonzalez de Mejia, "Caffeine (1, 3, 7-Trimethylxanthine) in Foods: A Comprehensive Review on Consumption, Functionality, Safety, and Regulatory Matters," *Journal of Food Science* 75, no. 3 (2010): R77-87.

28 Peter J. Rogers, "Caffeine and Alertness: In Defense of Withdrawal Reversal," *Journal of Caffeine Research* 4, no. 1 (2014): 3-8.

29 B. M. van Gelder et al., "Coffee Consumption Is Inversely Associated with Cognitive Decline in Elderly European Men: The Fine Study," *European Journal of Clinical Nutrition* 61, no. 2 (2007): 226-32; and Eduardo Salazar-Martinez et al., "Coffee Consumption and Risk for Type 2 Diabetes Mellitus," *Annals of Internal Medicine* 140, no. 1 (2004): 1-8.

30 Emma Childs and Harriet de Wit, “Subjective, Behavioral, and Physiological Effects of Acute Caffeine in Light, Nondependent Caffeine Users” [in English], *Psychopharmacology* (*Berlin*) 185, no. 4 (2006): 514-23.

31 H. A. Young and D. Benton, “Caffeine Can Decrease Subjective Energy Depending on the Vehicle with Which It Is Consumed and When It Is Measured” [in English], *Psychopharmacology (Berlin)* 228, no. 2 (2013): 243-54.

32 Paracelcus, as cited by Wikiquote from “Die Dritte Defension Wegen Des Schreibens Der Neuen Rezepte,” *Septem Defensiones* 1538, vol. 2, (Darmstadt, 1965): 510. English translation via Google Translate, http://de.wikiquote.org/wiki/Paracelsus.

33 Astrid Nehlig, “Is Caffeine a Cognitive Enhancer?” *Journal of Alzheimer's Disease* 20, suppl. 1 (2010): S85-94.

34 Karen Alsene et al., “Association Between A2a Receptor Gene Polymorphisms and Caffeine-Induced Anxiety” [in English], *Neuropsychopharmacology* 28, no. 9 (2003): 1694-702.

35 Tad T. Brunye et al., “Caffeine Modulates Attention Network Function,” *Brain and*

Cognition 72, no. 2 (2010): 181-88.

36 A. S. Attwood, S. Higgs, and P. Terry, "Differential Responsiveness to Caffeine and Perceived Effects of Caffeine in Moderate and High Regular Caffeine Consumers" [in English], *Psychopharmacology (Berlin)* 190, no. 4 (2007): 469-77.

37 Peter J. Rogers et al., "Faster but Not Smarter: Effects of Caffeine and Caffeine Withdrawal on Alertness and Performance" [in English], *Psychopharmacology (Berlin)* 226, no. 2 (2013): 229-40.

38 Meagan A. Howard and Cecile A. Marczinski, "Acute Effects of a Glucose Energy Drink on Behavioral Control," *Experimental and Clinical Psychopharmacology* 18, no. 6 (2010): 553-61.

39 David A. Camfield et al., "Acute Effects of Tea Constituents L-Theanine, Caffeine, and Epigallocatechin Gallate on Cognitive Function and Mood: A Systematic Review and Meta-Analysis," *Nutrition Reviews* 72, no. 8 (2014): 507-22.

策略 5

1 James L. Szalma and Peter A. Hancock, "Noise Effects on Human Performance: A Meta-Analytic Synthesis," *Psychological Bulletin* 137, no. 4 (2011): 682-707.

2 Juliane Kampfe, Peter Sedlmeier, and Frank Renkewitz, "The Impact of Background Music on Adult Listeners: A Meta-Analysis," *Psychology of Music* 39, no. 4 (2010): 424-48.

3 Goran B. W. Soderlund et al., "The Effects of Background White Noise on Memory Performance in Inattentive School Children," *Behavioral and Brain Functions* 6, no. 1 (2010): 4.

4 Gianna Cassidy and Raymond A. R. MacDonald, "The Effect of Background Music and Background Noise on the Task Performance of Introverts and Extraverts," *Psychology of Music* 35, no. 3 (2007): 517-37.

5 Patrik Sorqvist and Jerker Ronnberg, "Individual Differences in Distractibility: An Update and a Model," *PsyCh Journal* 3, no. 1 (2014): 42-57.

6 "Loudness Comparison Chart (dBA)," South Redding 6-Lane Project, California Department of Transportation, www.dot.ca.gov/dist2/projects/sixer/loud.pdf.

7 "Loudness Comparison Chart (dBA)," http://www.dot.ca.gov/dist2/projects/sixer/loud.pdf.

8 Ravi Mehta, Rui (Juliet) Zhu, and Amar Cheema, "Is Noise Always Bad? Exploring the Effects of Ambient Noise on Creative Cognition," *Journal of Consumer Research* 39, no. 4 (2012): 784-99.

9 David M. Berson, Felice A. Dunn, and Motoharu Takao, "Phototransduction by Retinal Ganglion Cells That Set the Circadian Clock," *Science* 295, no. 5557 (2002): 1070-73; and S. Hattar et al., "Melanopsin-Containing Retinal Ganglion Cells: Architecture, Projections, and Intrinsic Photosensitivity," *Science* 295, no. 5557 (2002): 1065-70.

10 Russell G. Foster, "Neurobiology: Bright Blue Times," *Nature* 433, no. 7027 (2005): 698-99; and David M. Berson, "Phototransduction in Ganglion-Cell Photoreceptors" [in English], *Pflugers Archiv: European Journal of Physiology* 454, no. 5 (2007): 849-55.

11 Antoine U. Viola et al., "Blue-Enriched White Light in the Workplace Improves Self-

Reported Alertness, Performance and Sleep Quality" [in English], *Scandinavian Journal of Work, Environment, and Health* 34, no. 4 (2008): 297-306. 贊助此研究的是飛利浦照明公司（Philips Lighting），此研究使用由該公司製造的燈泡。

12 F. Ferlazzo et al., "Effects of New Light Sources on Task Switching and Mental Rotation Performance," *Journal of Environmental Psychology* 39 (2014): 92-100.

13 K. C. H. J. Smolders, Y. A. W. de Kort, and S. M. van den Berg, "Daytime Light Exposure and Feelings of Vitality: Results of a Field Study During Regular Weekdays," *Journal of Environmental Psychology* 36 (2013): 270-79.

14 Anna Steidle and Lioba Werth, "Freedom from Constraints: Darkness and Dim Illumination Promote Creativity," *Journal of Environmental Psychology* 35 (2013): 67-80.

15 Robert Desimone and John Duncan, "Neural Mechanisms of Selective Visual Attention," *Annual Review of Neuroscience* 18 (1995): 193-222; and Stephanie McMains and Sabine Kastner, "Interactions of Top-Down and Bottom-Up Mechanisms in Human Visual Cortex," *Journal of Neuroscience* 31, no. 2 (2011): 587-97.

16 Gilles Pourtois, Antonio Schettino, and Patrik Vuilleumier, "Brain Mechanisms for Emotional Influences on Perception and Attention: What Is Magic and What Is Not," *Biological Psychology* 92, no. 3 (2013): 492-512.

17 Thomas W. Malone, "How Do People Organize Their Desks?: Implications for the Design of Office Information Systems," *ACM Transactions on Office Information Systems* 1, no. 1 (1983): 99-112.

18 Dana R. Carney, Amy J. C. Cuddy, and Andy J. Yap, "Power Posing: Brief Nonverbal Displays Affect Neuroendocrine Levels and Risk Tolerance," *Psychological Science* 21, no. 10 (2010): 1363-68.

19 Josh Davis and Pranjal H. Mehta, "An Ideal Hormone Profile for Leadership, and How to Attain It," *NeuroLeadership Journal* 5 (forthcoming).

20 Andy J. Yap et al., "The Ergonomics of Dishonesty: The Effect of Incidental Posture on Stealing, Cheating, and Traffic Violations," *Psychological Science* 24, no. 11 (2013): 2281-89.

21 Florence-Emilie Kinnafick and Cecilie Thogersen-Ntoumani, "The Effect of the

Physical Environment and Levels of Activity on Affective States," *Journal of Environmental Psychology* 38 (2014): 241-51.

22 Marily Oppezzo and Daniel L. Schwartz, "Give Your Ideas Some Legs: The Positive Effect of Walking on Creative Thinking," *Journal of Experimental Psychology: Learning, Memory, and Cognition* 40, no. 4 (2014): 1142-52.

23 Ruth K. Raanaas et al., "Benefits of Indoor Plants on Attention Capacity in an Office Setting," *Journal of Environmental Psychology* 31, no. 1 (2011): 99-105; Eleanor Ratcliffe, Birgitta Gatersleben, and Paul T. Sowden, "Bird Sounds and Their Contributions to Perceived Attention Restoration and Stress Recovery," *Journal of Environmental Psychology* 36 (2013): 221-28; Mathew White et al., "Blue Space: The Importance of Water for Preference, Affect, and Restorativeness Ratings of Natural and Built Scenes," *Journal of Environmental Psychology* 30, no. 4 (2010): 482-93; and Gregory A. Laurence, Yitzhak Fried, and Linda H. Slowik, " 'My Space': A Moderated Mediation Model of the Effect of Architectural and Experienced Privacy and Workspace

Personalization on Emotional Exhaustion at Work," *Journal of Environmental Psychology* 36 (2013): 144-52.

國家圖書館出版品預行編目 (CIP) 資料

每天最重要的 2 小時（暢銷新版）：神經科學家教你 5 種有效策略，打造心智最佳狀態，聰明完成當日關鍵工作／喬許 · 戴維斯 博士（Josh Davis, Ph.D.）著 ; 李芳齡譯 . -- 二版 . -- 臺北市 : 大塊文化 , 2021.07
256 面；14.8x20 公分 . -- (Touch ; 60)
譯自 : Two awesome hours : science-based strategies to harness your best time and get your most important work done
ISBN 978-986-5549-98-5（平裝）

1. 時間管理 2. 工作效率 3. 生活指導

494.01 110007597

LOCUS

LOCUS

LOCUS

LOCUS